チョコレートにまつわることばを
イラストと豆知識で甘〜く読み解く

チョコレート語辞典

著 Dolcerica 香川理馨子
監修 千住麻里子

誠文堂新光社

はじめに

チョコレート、お好きですか?

この本を手にした方は、元気を出すためにひとかけ、気分転換にひとかけ、

あるいは、存分に味わうために、チョコレートのための特別な時間をつくったりしながら、

日々チョコレートのある生活を楽しんでいるのではないでしょうか。

『チョコレート語辞典』は、チョコレートの歴史や種類、製造方法などの基本的な情報と、

クスッとするようなチョコレートに関するいろいろな言葉を集めた絵辞典です。

気になる項目から読んでも、頭から読んでも、チョコレート尽くし。

チョコレートって、不思議な食べ物です。

なくても生きていけるはずなのに、その魅力にとらわれると

チョコレートのない人生なんて考えられない。

人生を豊かにしてくれる芸術(アート)のような存在。

チョコレートは、ただ食べるだけでも十分幸せになれますが、

この本を読んで、さらにチョコレートの世界をお楽しみただけたならうれしいです。

[おことわり]

世界には、職人技が光るクラフト的なチョコレートを生み出す個人規模のショコラティエがたくさん存在しますが、本書ではあえて紹介していません。広く日本に流通しているメーカーやチョコレート、あるいはチョコレートの歴史や時代の流れなどと関わりの深いショコラティエについては、その事象を説明するために取り上げています。

職人的ショコラティエの世界について、また別の機会に絵と文でご紹介できることを夢見ています。

※本書のデータは、2016年4月現在のものです。商品によっては、現在取り扱いのないものや価格変更となっている場合などがあります。ご了承ください。

この本の見方と楽しみ方

ことばの見方

**50音順に「チョコレートの種類」「歴史」「人物」などの
チョコレートにまつわることばを配列しています。**

読み方・名称

ひらがな、もしくはカタカナで表記しています。固有名詞は「コロンブス」のように日本語の通称で表記している場合もあります。

【　】内表記

名称がひらがなの場合は、漢字(もしくは漢字+ひらがな、カタカナ)で、カタカナの場合は、英語(もしくはその他の言語)で記載しています。

関連することばについて

文末にある→で指された「」内は、そのことばと関わりのあることばです。参照するとより理解が深まります。

参考文献について

専門的な情報については、参照した文献がわかるよう、巻末(p181)にある参考文献リストにつけた番号と同じものを記載しています。

<注1>カカオとココアの表記について…文献によっては「ココアパウダー」「ココアバター」と表記しているものもありますが、本書では「カカオパウダー」「カカオバター」に統一しています。
<注2>本書のデータは、2016年4月現在のものです。商品によっては、現在取り扱いのないものや価格変更となっている場合などがあります。ご了承ください。

読み解き方

チョコレートについて気になることばがあれば、
その頭文字から該当のページを探してみてください。

1 チョコレートの知識を深める

チョコレートのパッケージや広告などを見て、
書かれていることばが気になったときは、本書で調べてみてください。
知識が広がると、チョコレート選びがますます楽しくなります。

2 「食べる」以外のチョコレートの魅力を知る

チョコレートと関わりのある歴史上の人物や文化人、
チョコレートを通じて世界の歴史をのぞいてみるなど、
いろいろな角度からチョコレートを見てみましょう。
新たな発見があるかもしれません。

3 コラムを楽しむ

本書の随所に大小のコラムを設けました。
ことばの辞典とはまた違う、テーマごとに掘り下げてまとめた知識を
まんがや絵本のように楽しんでいただけます。ちょっとしたうんちく話もあります。
チョコレートをちょこちょこつまむように、どこからでも自由にお読みください。

ジャンル別インデックスの使い方

巻末（p178～）にチョコレートにまつわることばを
ジャンル別に分けたインデックスのページを設けました。
気になるジャンルについて早引きしやすくまとめています。
例えば、「チョコレートの歴史について知りたい」と思ったら、
こちらから探してみてください。

Contents

さ行

た行

な行

は行

ま行

や・ら・わ行

Column

HISTORY of CHOCOLATE
チョコレートの歴史

世界と日本のチョコレートの歴史を
たどってみましょう。

BC2000年ごろ

CACAO
CORN
PEPPER
WATER

メソアメリカ
（中米古代文明圏）で
BC2000年頃には
自生していたといわれるカカオ。
（すでにその頃から栽培されていた
という説もあります。）
カカオは長く貨幣として
使われていていましたが、
マヤ、アステカ文明の
時代になってから飲みものとして
口にされるようになりました。

メソアメリカでは
油分の多いカカオを
飲みやすくするために、
高いところから
下の器へ注ぐ、を繰り返し、
泡立てていました。
AWAWAWA~~
カカオ豆はとても貴重で、
貨幣としても流通していたそうです。
その価値については諸説ありますが、
30粒でウサギ1匹だったとも！ ※1
30 CACAO BEANS
=
1 LITTLE RABBIT

アステカの王モンテスマ2世は
1日50杯のチョコレートドリンクを
飲んでいたといいます。
50 CUPS
美味しい！
というより、
薬や精力剤
だったのじゃ！

1502年
だ゛ぃじ〜
なぜあんなに大事そうにしているのかな?
かのコロンブスは、グアナハ沖でカカオ豆を積んだカヌー船と出会っていましたが、口にすることはなかったそうです…。

1519年
スペインからエルナン・コルテスたちがアステカにやってきて、モンテスマ2世の宮廷でチョコレートドリンクと出会います。
1521年、アステカ帝国はコルテスらに征服され滅亡。

スペインへ
1528年
そして、エルナン・コルテスは、
スペインへカカオを持ち帰り
国王(カルロス1世)に献上します。
ヨーロッパにチョコレートが伝わったのです!
カルロス1世様
このカカオという
ものは
とても貴重です。
コルテスより
いろいろな工夫
スペインでは、チョコレートを
飲みやすくするために、
いろいろな工夫がされました。
お湯で溶けやすく!
HOT WATER
モリニーリョ
砂糖で
甘くして
飲みやすく!
モリニーリョ
(撹拌棒)と
チョコレートポット
でよく泡立てれば
ザラつきも
気にならない!
CHOCOLATE
POT
SUGAR

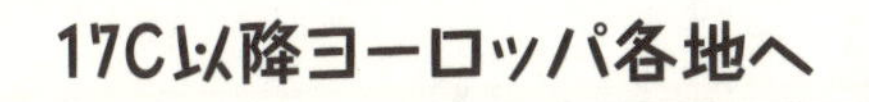

1615年、スペイン王女
アンヌ・ドートリッシュがフランス王と結婚。
これにより、チョコレートは
フランスに伝わったといわれています。

その後、イタリア
オーストリア
ドイツなど、
ヨーロッパ各地へ
チョコレートは
伝わっていきました。

上流階級の間でブームに

16〜17世紀に
スペイン、ポルトガル、フランスの
王侯貴族や聖職者の間に
チョコレートは広まりました。

高価なドレスを汚さないように、工夫を施した独特の形をしたチョコレートカップがつくられました。襟付きタイプはマンセリーナ、すっぽりタイプはトランブルーズといいます。

お湯で溶かして
飲める携帯用の
固形チョコレートも
生まれました。

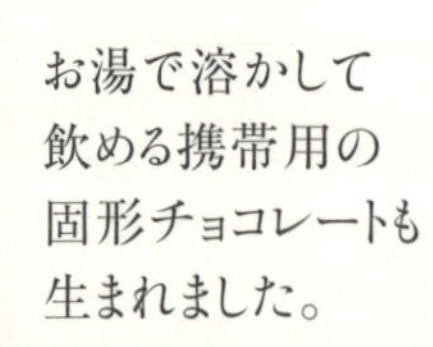

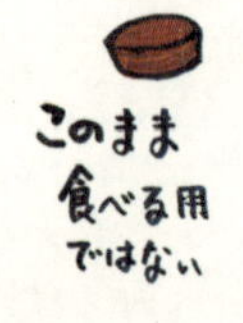

イギリスでは

イギリスでは、チョコレートハウスができ、
市民たちが政治や文化について語り合う
社交の場となったそうです。

1655年、
カカオ栽培が
すでに行われていた
ジャマイカを
植民地にしたことで、
カカオの供給源が
確保できたからです。

チョコレート界の四大発明

そして、19世紀、食べるチョコレートが生まれるための四大発明がなされます。

オランダのバンホーテンがカカオ豆から脂肪の一部を取り出すことに成功。カカオパウダーを発明します。

1828年 カカオパウダー発明

イギリスのジョゼフ・フライによって、食べるチョコレートの原型がつくられます。

1847年 食べるチョコレート誕生

スイスでダニエル・ペーターが粉乳を使い、ミルクチョコレートをつくり出しました。

スイスのロドルフ・リンツがコンチング製法を考案し、普及しはじめます。

1879年 コンチングの発明

なめらかな口溶けのチョコレートが、ついに誕生！

ヨーロッパ各地で発展
個性豊かなチョコレート文化が
ヨーロッパ各地で花開きます。
United Kingdom
Netherlands
Germany
Belgium
Austria
Switzerland
France
Milk
Spain
Italy

アメリカでは

18C

アメリカには、
18世紀にチョコレートが伝わったと
いわれています。

20C初頭

ミルトン・ハーシーが
大規模なチョコレート工場をつくり、
20世紀初頭から、チョコレートの
大衆化が進みます。

チョコレートは
軍用食や宇宙食
にも選ばれる
ようになりました。

世界各地のチョコレート

ヨーロッパの植民地で16世紀から
カカオ栽培がスタートしました。

お米とチョコレートでつくる
おかゆもあるんですよ！

中南米

16世紀以降、
中米から南米へと
カカオ栽培が拡大しました。

飲む
チョコ
レート
が人気
です。

アフリカ

17世紀以降、
ヨーロッパをはじめとする
チョコレート消費国の
カカオ供給地に。

アフリカでカカオ栽培に携わる
人の中には、チョコレートを
食べたことのない人もいるそうです。

そして現在。
カカオ豆からチョコレート
ができ上がるまで、
一貫して製造を行う
ビーントゥバーの
ムーブメントも
起こっています。

Bean to Bar

日本のチョコレートの歴史

17C

日本で初めてチョコレートを口にしたのは、
17世紀伊達政宗の命により、
ヨーロッパへ渡った支倉常長を
代表とする遣欧使節団一行か?
といわれています。

18世紀、長崎の遊女が、
「しょくらあと」と書かれた
チョコレートを
オランダ人から貰い受けた
記録が残っています。

1871年

明治維新を迎えると、
岩倉使節団がヨーロッパ、
アメリカへ派遣されます。
一行はフランスで
チョコレートを食べたり、
工場見学をしたそうです。

米津凮月堂（よねづふうげつどう）から
日本初の
チョコレートが
発売されます。

貯古齢糖（ちょこれいとう）

1899年

アメリカで
西洋菓子を
学んだ
森永太一郎
が帰国。
西洋菓子の
製造販売を
始める。

1918年

森永製菓が日本で初めて、
カカオ豆からチョコレートをつくる
一貫製造をスタートさせます。

MORINAGA'S
MILK CHOCOLATE

まだまだ高級品。
しかし大衆化へのきっかけに。
各メーカーもこれに続きます。

1945年

終戦を迎えると、
アメリカからチョコレートが
どっと入ってきました。

そして現在。
子どもから大人まで
チョコレートは愛されています。

チョコレートの製造工程

カカオの木になったカカオの実が
1枚のチョコレートになるまでの道のりを紹介します。

～カカオ産地にて～

1 収穫

花が咲き、実を結んでから、
半年ほどかけて熟した
カカオの実を収穫。
品種によって、黄、オレンジ、赤と
果実の色は様々です。

2 実を取り出す

カカオポッドと呼ばれる
カカオの実をナタなどで割り、
カカオ豆を取り出します。
カカオ豆はカカオパルプという
白い果肉に包まれています。

発酵加減でカカオ豆の味や香りが違ってきます。

3 発酵

発酵は二段階。まず、取り出したカカオ豆を
パルプごとバナナの葉で包み、
空気に触れないように発酵。
その後、撹拌し、空気を含ませ発酵させます。

箱で発酵させることもあります。

4 乾燥

天日に干して、カカオ豆を乾燥させます。
ここで残る水分量は
わずか7〜8%ほど。

大規模農園では
乾燥室で
乾燥する
場合もあるよ。

5 出荷

乾燥したカカオ豆を
検品し、麻袋などに入れて、
チョコレート生産国へと
出荷します。

いってきま〜す!

CACAO
CACAO
CACAO
CACAO

～工場にて～

1 選別

カカオ産地から
届いたカカオ豆を
選別します。

2 焙煎（ロースト）

焙煎してカカオ豆の香りと
チョコレートの色を
引き出します。

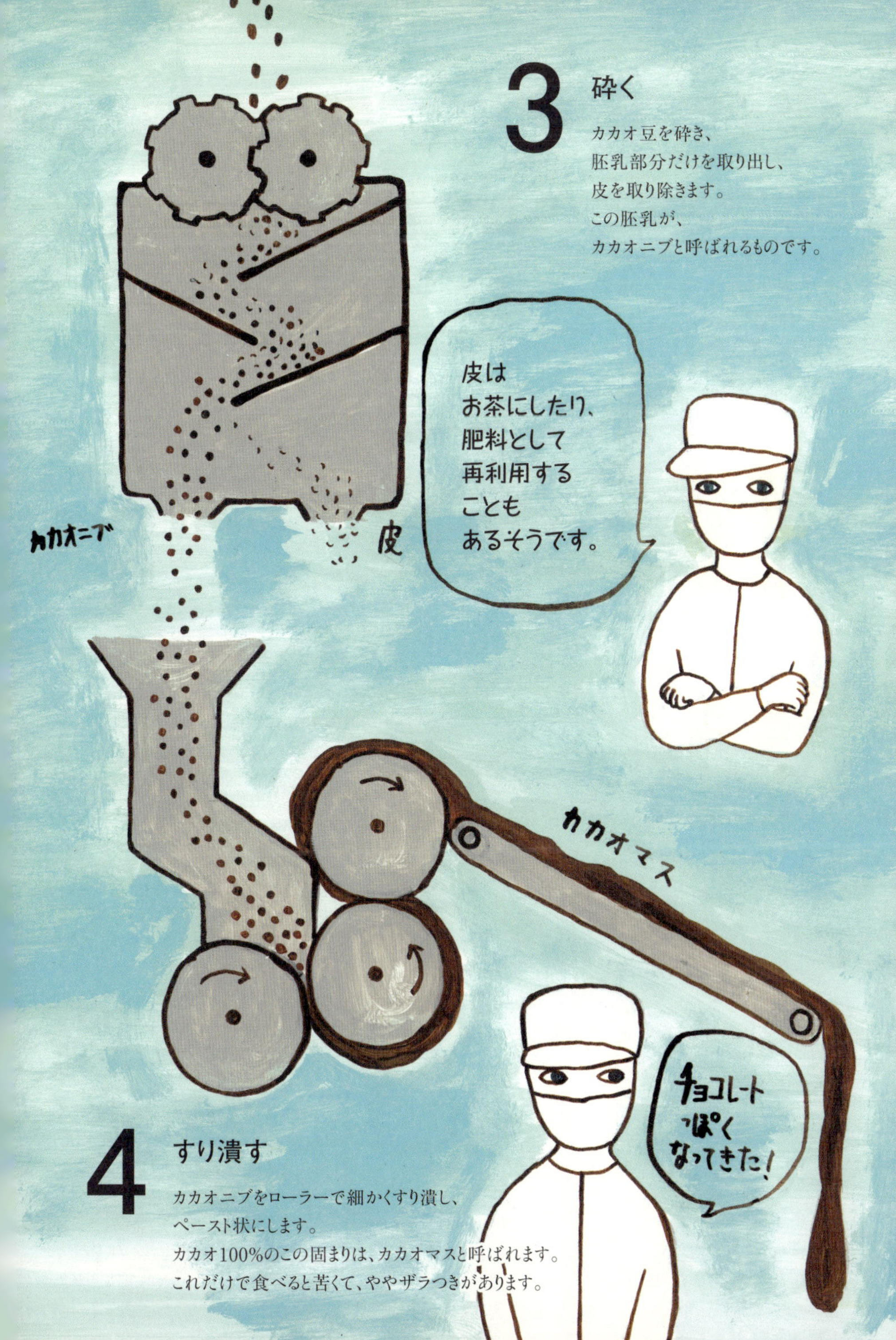

3 砕く

カカオ豆を砕き、
胚乳部分だけを取り出し、
皮を取り除きます。
この胚乳が、
カカオニブと呼ばれるものです。

4 すり潰す

カカオニブをローラーで細かくすり潰し、
ペースト状にします。
カカオ100%のこの固まりは、カカオマスと呼ばれます。
これだけで食べると苦くて、ややザラつきがあります。

5 混ぜる

ダーク、ミルク、ホワイト、
各チョコレートをつくるのに
必要な材料をそれぞれ配合し、
よく混ぜます。

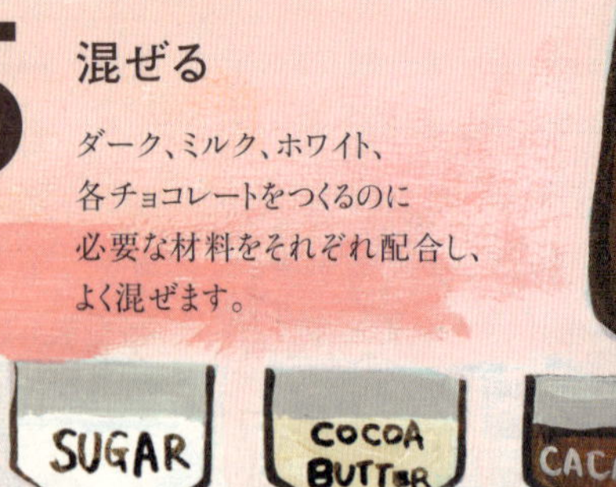

ダークチョコレート	ミルクチョコレート	ホワイトチョコレート
カカオマス カカオバター 砂糖	カカオマス カカオバター 粉乳、砂糖	カカオバター 砂糖、粉乳

6 粉にする

ローラーがいくつもついた
「レファイナー」
という機械で
細かくすり潰し、
粉状にします。

※もちろん工場でお味見はできませんよ!

7 コンチング

コンチングマシンの中には、攪拌棒があり、
レファイナーで細かくなったチョコレートを
じっくり練り上げ
なめらかにします。

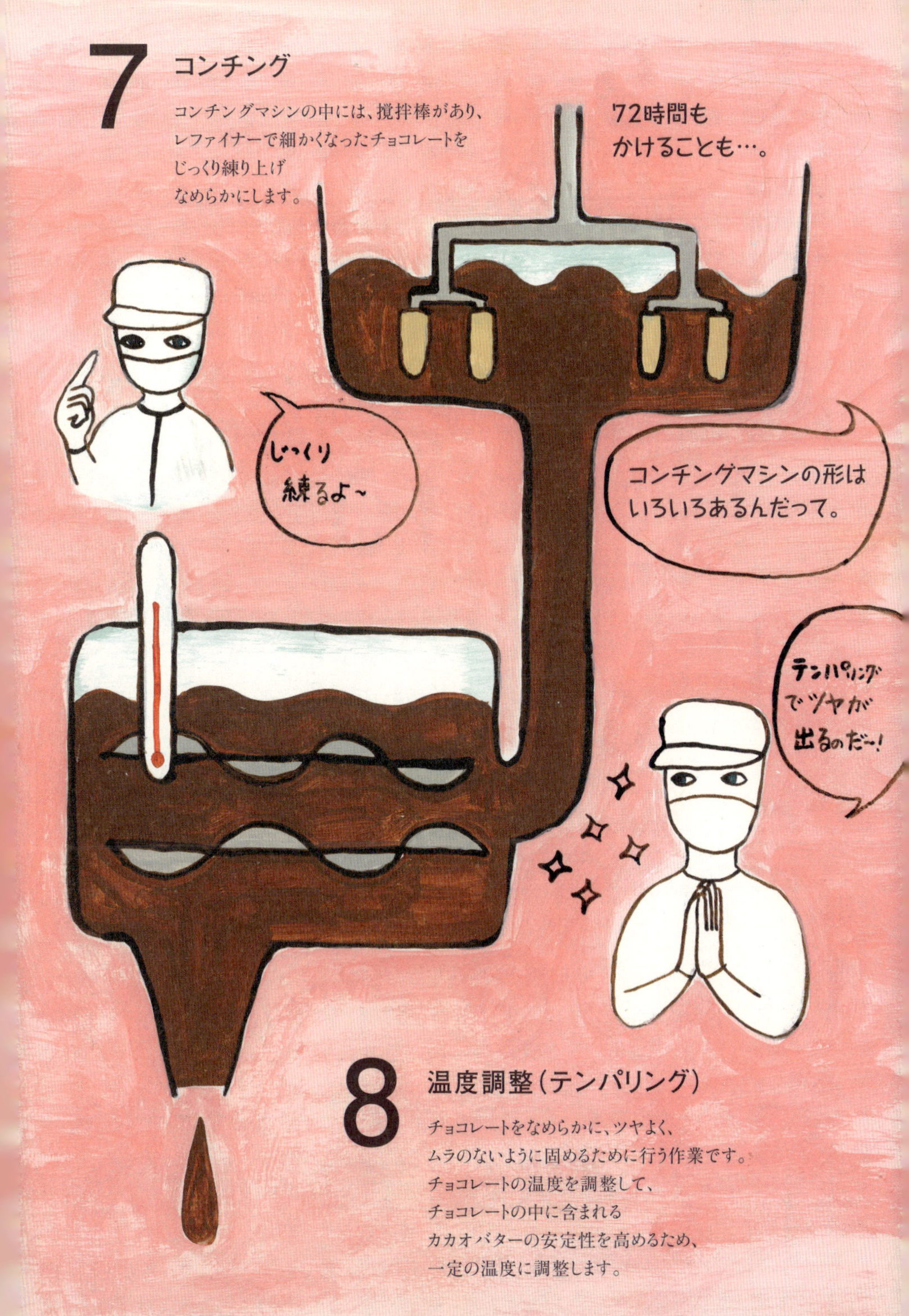

8 温度調整（テンパリング）

チョコレートをなめらかに、ツヤよく、
ムラのないように固めるために行う作業です。
チョコレートの温度を調整して、
チョコレートの中に含まれる
カカオバターの安定性を高めるため、
一定の温度に調整します。

9 成形

型に流し込みます。

10 冷却

冷却コンベアに乗せて、
冷やし固めます。

11 型抜き

型からはずします。

ひっくり 返して PON!

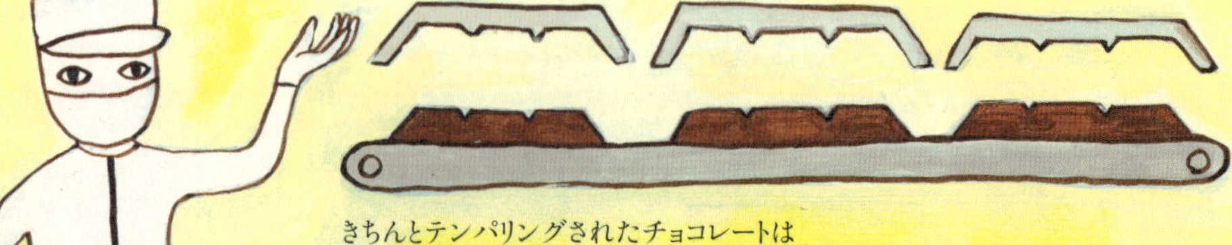

きちんとテンパリングされたチョコレートは
固まるとわずかに縮むのできれいに抜けます。

12 包装

銀紙やパッケージで包み
箱に詰めます。

14 完成!

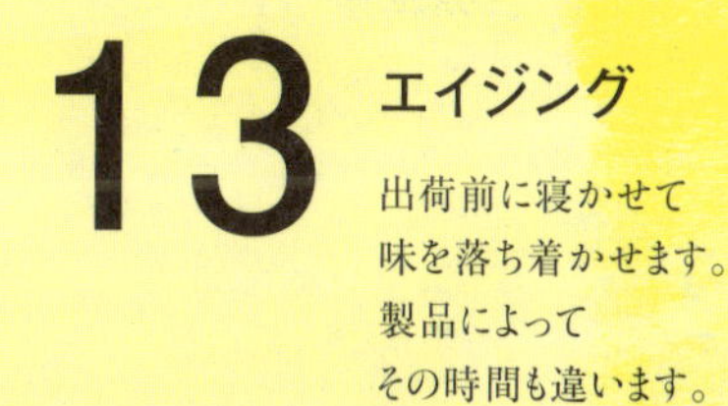

13 エイジング

出荷前に寝かせて
味を落ち着かせます。
製品によって
その時間も違います。

カカオの主な生産地とチョコレートの消費国

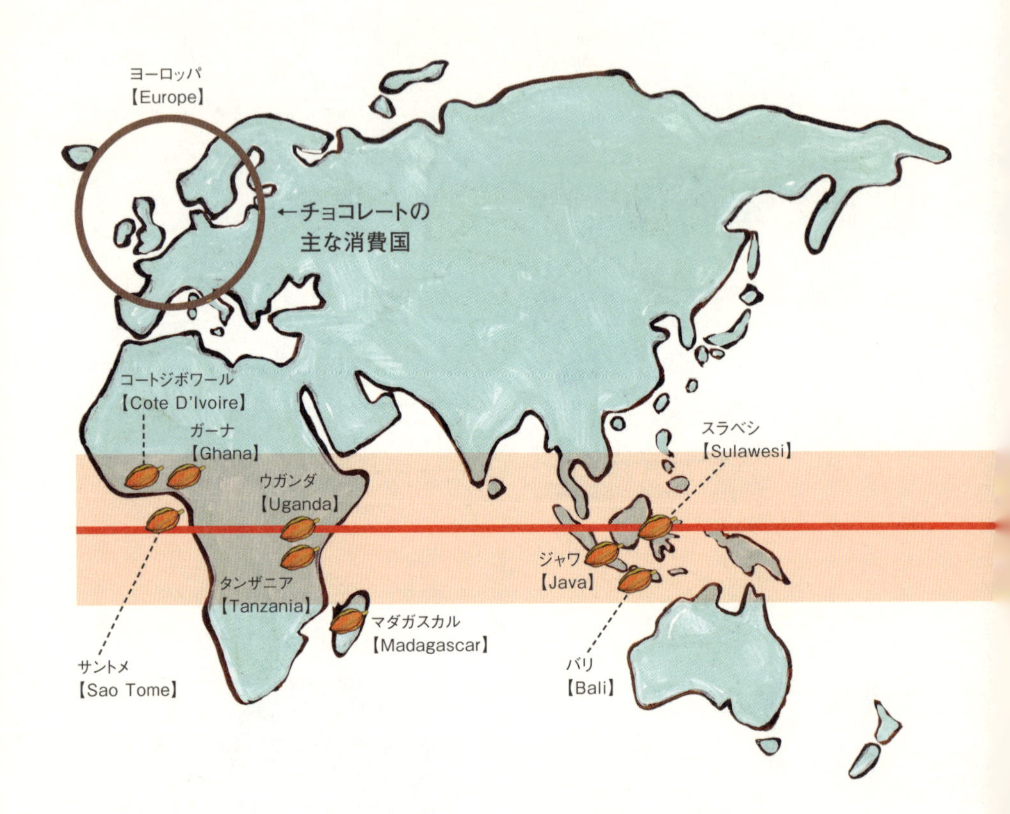

チョコレートの消費国

チョコレートの1人あたりの消費量を見てみましょう（注1）。なんと1位のドイツでは、1年に10kg以上食べています。同じヨーロッパでも、大量消費国は北緯の高い場所に集中しているようです。

注1 SELECTED COUNTRIES OF THE WORLD CHOCOLATE PRODUCTION AND CONSUMPTION 2013　資料:国際菓子協会／欧州製菓協会
Source:ICA/CAOBISCO

1人あたりのチョコレート年間消費量ランキング

2013年度の1位〜10位までの国名と消費量をチェック！

チョコレートの原料となるカカオは、
赤道の北緯南緯とも20度ほどの地域に集中しています。
一方、チョコレートを多く食べる国は、北半球にまとまっています。

チョコレートと関わる人たち

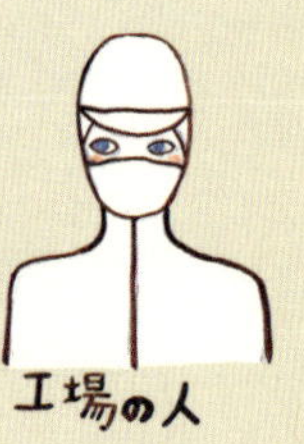

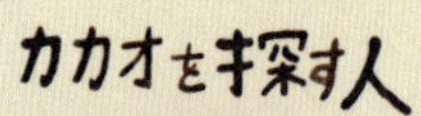

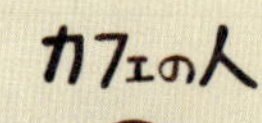

あ

あ

アイスクリーム【ice cream】

チョコレートのアイスクリームもいろいろ。チョコを練り込んだのや、チョコレートがけ、チョコレートソースをかけたもの、ミント風味のアイスクリームにチョコチップを入れたチョコミントアイスなど、ほんとにたくさん。

いろいろなタイプのアイスクリーム

あえん／亜鉛【zinc】

皮膚や粘膜の維持や、味覚に深くかかわるミネラル成分。カカオ豆100gには、亜鉛5.4mg%が含まれます。※3

あおぎりか【アオギリ科】

カカオはアオギリ科に属する常緑樹。アオギリ科は、双子葉植物に属する科で、おもに熱帯、亜熱帯に分布しています。コーラの原料だったコーラの実もアオギリ科です。

あくたがわせいか【芥川製菓】

創業1886(明治19)年の老舗メーカー。1891(明治24)年には東京の銀座一丁目に「芥川松風堂」として店を開いています。そして日本のチョコレートの黎明期である1914(大正3)年にチョコレートの製造を開始。現在はバレンタインデーやホワイトデー、クリスマス、ハロウィーンなどの催事用商品の他、製菓材料や他社ブランドとの提携など、幅広い展開をしており業界で広く知られる会社です。オリジナル商品は一年を通して、直営店やオンラインショップで購入できます。右の絵は銀座から人形町水天宮に移転した明治40年頃に描かれたものです。

あぐろふぉれすとりー

【アグロフォレストリー】

アグリカルチャー(農業)とフォレストリー(林業)をかけ合わせた言葉で、環境破壊をせずに作物を栽培する農法。森林伐採後の土地に、自然の生態系に沿った多種の農林産物を共生させながら栽培していきます。とくに有名なのが、カカオとコショウの同時栽培からスタートしたブラジルの日本人居住区トメアスーのアグロフォレストリー。現在この地では、アサイー、アセロラ、ココナッツなど100種類以上の農作物がこの農法で生み出されています。

森とともに!

アスキノジー【Askinosie】

創業者のショーン・アスキノジーさんが、自らカカオ農家から直接カカオ豆を仕入れ、アメリカのミズーリ州にある自家工場でシングルオリジンのチョコレートのみを生産しているビーントゥバーのチョコレートメーカーです。

アステカ文明【Aztec civilization】

チョコレートのふるさとと言われるメソアメリカ（現代の中央アメリカ一帯）のアステカ族が、メキシコ中央部の高原地帯に14～15世紀に築いた文明。現在のメキシコシティにあたるテノチティトランを首都として、マヤ文明をはじめとする高度な文明を引き継ぎました。ここではカカオ豆は薬や滋養強壮効果のある飲料として珍重され、神様への供物となり、また貨幣としても流通していました。年貢としてカカオ豆を納めることもあったようです。

→「エルナン・コルテス」「ケツァルコアトル神」「ナワトル語」「メソアメリカ」

あぽろ【アポロ】

1969年、アポロ11号が人類初の月面着陸に成功した年に誕生した、明治のチョコレート。三角の形は、アポロ11号をイメージしてつくったそうです。ちなみに、お菓子の名前として明治が「アポロ」を登録したのは1966年で、ギリシャ神話の太陽神アポロンに由来しています。宇宙船「アポロ」の名が世界に知られるより、3年も前のことでした。

→「きのこの山」

あるかりしょり【アルカリ処理】

チョコレートがミルクや水と混ざりやすくなるために、カカオ豆をアルカリ液で処理すること。ダッチングともいいます。これにより、チョコレートの酸味が柔らぎ、風味がまろやかになります。1828年にバンホーテンが発明しました。カカオマスからカカオバターを取り出し、カカオパウダーをつくりだす方法を発明したことと合わせて、チョコレートの四大発明のひとつに数えられています。

→「バンホーテン」「四大発明」「ダッチング」

あるこーるはっこう【アルコール発酵】

カカオポッドから取り出したカカオ豆を発酵させる最初の段階。豆が空気に触れないように、バナナの葉で覆ったり、木箱に入れて1～2日間発酵させておくと、天然の酵母が働き、パルプの中の糖分がアルコールに変わります。これが発酵の第一段階の「アルコール発酵」です。

→「発酵」「酢酸発酵／乳酸発酵」

あ

あわ【泡】

チョコレートがまだ飲み物だった頃は、泡が味の決め手だったとか。石で砕いたカカオ豆にはザラつきがあって口当たりが良くなかったことと、カカオ豆の油脂を拡散して飲みやすくする効果があったのです。マヤ、アステカでは器から器へと移し替えて、泡をつくっていましたが、後にヨーロッパで専用のかきまぜ棒、モリニーリョが発明されました。
→「マヤ文明」
「アステカ文明」
「モリニーリョ」

アンチエイジング【anti-aging】

カカオポリフェノールの働きによって、骨粗しょう症や肌のたるみ、毛髪の質などに改善が期待できるのでは？　という報告があります。まだ研究の段階のようですが、毎日一定量の高カカオのチョコレートを食べ続けると効果が期待できるといわれています。一度にいっぱい、ではなく一定量を継続的にが良いそうです。
※9

アンヌ・ドートリッシュ【Anne D'Autriche】

1601-1666年。スペイン王フェリペ3世の娘で、フランス王ルイ13世の王妃、そしてルイ14世の母。彼女がフランス王家にお嫁入りするとき、フランスにチョコレートをもたらしたと伝えられています。

アンリ・ネスレ【Henri Nestlé】

1814-1890年。スイスの薬剤師でネスレ社の創業者。当時は乳幼児の死亡率が高かったため、彼はこれを改善するために、1867年粉ミルクをつくる方法を発明しました。おなじ街ヴェヴェーに住み、チョコレートづくりを研究していたダニエル・ペーターに、粉ミルクをチョコレートに使うようすすめ、1875年、世界最初のミルクチョコレートが誕生しました。※1
→「ダニエル・ペーター」「四大発明」

イースター【easter】

十字架に架けられたキリストが死後3日目に復活したことを記念して祝われる「復活祭」のことで、春の到来を祝うお祭りでもあります。イースターのお祭りに欠かせないのがイースターエッグ。卵は命の誕生を表わすシンボルとして、カラフルに色付けされてたくさん飾られます。チョコレートでもイースターエッグはつくられ、いろいろなサイズの卵型のチョコレートが店頭に並びます。殻もチョコレート、中にもかわいい形をした小さなチョコレートが入ったものも登場します。ドイツでは、ウサギをかたどったチョコレート、イースターバニーがつくられます。

いえいり・れお【家入レオ】

家入レオの『チョコレート』は、甘いだけのチョコレートと苦いだけのチョコレート、甘くて苦いチョコレートが歌われている、切ない恋の歌です。

いえずすかい【イエズス会】

1540年スペイン人のイグナチウス・ロヨラにより創設されたキリスト教の修道会。海外で積極的に布教活動を行うかたわら、カカオ貿易にも関わっていたといわれています。

いしうす【石臼】

アステカ時代からカカオ豆をすり潰すために、石臼が使われていました。ヨーロッパにチョコレートが渡ってからも、産業革命が進むまでは、人力のほか水車や馬などの力を用いて、石臼でカカオ豆を挽いていたそうです。形は動力によっていろいろ。現代でも、古い製法にこだわり、石臼を使っているショコラティエもあります。石臼には、テーブル型や円盤型など、いろいろな形があります。

いしやせいか【石屋製菓】

1947年に北海道で創業された老舗製菓メーカー。北海道の名菓として知られるチョコレートのお菓子、『白い恋人』を製造しています。お菓子のテーマパーク「白い恋人パーク」も運営しています。

→「白い恋人」「白い恋人パーク」

いちかわ・こん【市川崑】

1915-2008年。甘党の映画監督。明治の『マーブルチョコレート』を、いつも愛用の「KON」のロゴつきオリジナルグラスに入れて食べていました。

い

いつぱからとる【イツパカラトル】

アステカで生け贄にされる人が、心臓をえぐりとられる直前に飲んでいたと伝えられている飲み物。チョコレートと人間の血を混ぜたもので、細長い杯に入っていたそうです。たしかにチョコレートドリンクではありますが…。※1
→「チョコレートドリンク」

いぬのおもちゃ【犬のおもちゃ】

犬はチョコレートを食べられませんが、かわいくておいしそうなチョコレートケーキやチョコレートドーナツの形をしたおもちゃがあります。これなら、いくらカミカミしても大丈夫です。

いぬようちょこれーと【犬用チョコレート】

犬はカカオに含まれるテオブロミンによって中毒を起こすので、本物のチョコレートは食べられません。毎年バレンタインデー前後にはちょっと目を離したすきの中毒事故がぐんと増えるそう。注意しましょう! でも犬も食べられるチョコレート風おやつがあります。カカオや砂糖の代わりにマメ科の植物キャロブを使ったケーキ風のお菓子や、カカオバター不使用のホワイトチョコなど。

いわくら・ともみ【岩倉具視】

1825-1883年。日本の政治家。明治維新後、現在の外務省長官にあたる外務卿に就任しました。1871年から岩倉使節団を率いて、欧米諸国を数年かけて見聞。一行がフランスのリヨンでチョコレートを食べたことや、工場を見学したことが記録に残っています。

ヴァローナ【VALRHONA】

1922年創業のフランスのチョコレート会社。カカオ豆の栽培から製造にいたるまで、徹底した品質管理を行い、最高品質のチョコレートを生み出しています。おもにクーベルチュールなど専門家向けのチョコレートを生産し、世界の一流菓子職人たちに支持されていますが、一般向けのタブレットやキャレなども販売しています。また最近では、ブラック、ミルク、ホワイトに続く、4番目のチョコレートとして世界初の『ブロンド・チョコレート』を発売。ビスケットやショートブレッドの風味や、ほのかな甘味、最後に感じられるわずかな塩味が特徴。チョコレート界の新星として注目されています。

ウイスキー【whisky】

ウイスキーとチョコレートはとても相性がいいのです。ウイスキーの持つ香り高さと自然な甘みが、チョコレートの特徴とうまく調和します。チョコレートをおつまみにしてもよいですが、ウイスキーボンボンのように、チョコレートと一体化したお菓子の味わいもまた格別です。

→「ウイスキーボンボン」

ウイスキーボンボン

【whiskey bonbon】

ウイスキーを混ぜたフォンダンをチョコレートでコーティングしたもの、または、それをさらにチョコレートでコーティングしたもの。日本では大正時代にゴンチャロフで初めて製造されたともいわれています。

→「ゴンチャロフ」「フォンダン」

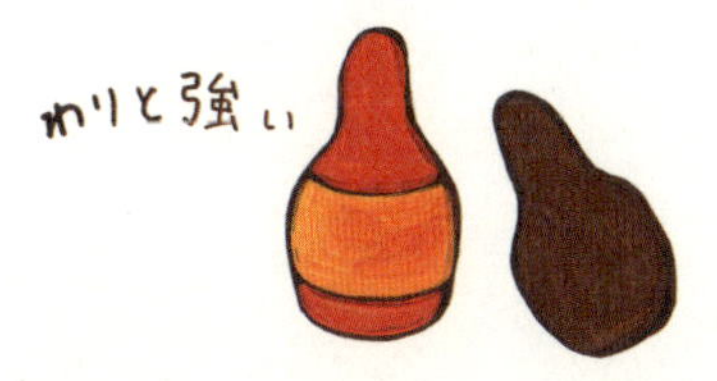

うちゅうしょく【宇宙食】

チョコレートは、宇宙食にも採用されています。第2次大戦中に開発された、『ハーシーズ・トロピカル・バー』は1971年のアポロ15号の宇宙食にも採用。また、『エムアンドエムズ®』は、1982年のスペースシャトルによる初の宇宙飛行の初の宇宙食に選ばれています。

エイジング(熟成)【aging】

包装が済んだチョコレートの品質を安定させるために、温度や湿度を調節した倉庫の中で一定期間熟成させること。チョコレートの種類や成分によって、エイジングが必要なものと、そのまま出荷しても問題ないものがあるそうです。

え

えく・ちゅあふしん【エク・チュアフ神】

マヤ族のカカオ栽培者の守護神。

エクレア【éclair】

「稲妻」という意味のフランス伝統菓子。細長く焼いたシュー生地の中に、ホイップクリームやカスタードクリームを絞って、表面にチョコレート入りのフォンダンをかけたもの。
→「フォンダン」

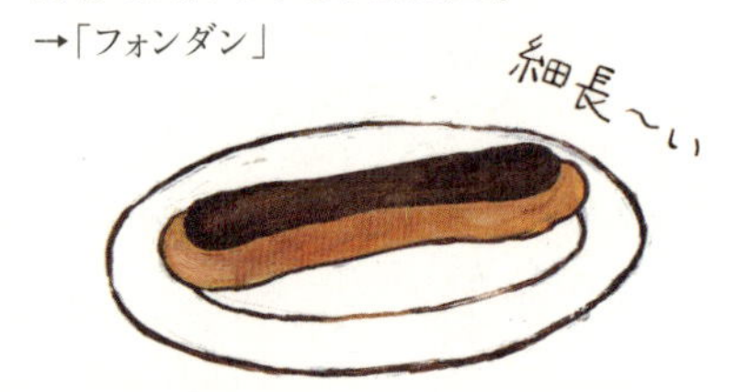

えざきぐりこかぶしきがいしゃ【江崎グリコ株式会社】

1922年創業の、日本を代表する製菓会社のひとつ。キャラメルやビスケットで知られていましたが、1958年にキャラメルに入れていたアーモンドを活かして『アーモンドチョコレート』を発売。1966年には『ポッキー』を発売。アーモンドを丸ごといれたり、持つところをつくったり、新しい視点で創意工夫のあるチョコレートを生み出しています。カカオに含まれるアミノ酸に注目したチョコレート、『GABA』も製造しています。
→「ポッキーチョコレート」「ギャバ」

えすて【エステティックトリートメント】

チョコレートを使ったエステがあるのをご存知ですか?　カカオポリフェノールの効果で肌のキメを整えたり、甘い香りでリラックスできるとか。100%カカオにハチミツを加えたもので、身体をパックするサロンもあるそうです。
→「ポリフェノール」

エマルション(乳化)【emulsion】

日本では「エマルジョン」の呼び方が一般的。そのままでは溶け合わない水分と油脂などの液体同士が撹拌などによって混ざりあった状態にすること。チョコレートをつくるとき、カカオマス、カカオバター、砂糖、乳製品などが乳化しやすいよう、レシチンなどの乳化剤を加えることがあります。

エムアンドエムズ® 【M&M'S®】

1941年、手で持っても溶けない携帯性のある粒チョコレートとして、アメリカ軍兵士向けにマース社から発売されました。やがてカラフルなチョコレートは子どもたちの間でも人気に。1982年には、スペースシャトルによる初の宇宙飛行のお供として、初めて宇宙食のひとつにも選ばれました。→「宇宙食」

エリザベート皇后

【Elisabeth Amalie Eugenie】

1837-1898年。オーストリア=ハンガリー帝国の皇帝フランツ・ヨーゼフの皇后。美人で有名。スイーツが大好きで、とくに濃厚なチョコレートケーキ、ザッハトルテが好物でした。今もオーストリア国立公文書館には、エリザベート宛のザッハトルテの領収書が所蔵されています。身長172cm、ウエスト50cmの抜群のスタイルの持ち主で、この体型を維持するために当時としては画期的な食餌療法やエクササイズに励んでいたそうですが、ザッハトルテをあきらめることはなかったようです。※5

エルナン・コルテス

【Hernán Cortés】

1485-1547年。スペイン人の探検家でコンキスタドール(征服者)。メキシコを征服したあと、さらにアステカの首都テノチティトラン(現在のメキシコシティ)まで到達し、侵略しました。一般的には、彼がカカオをスペインに持ち帰り、カルロス1世に献上。そこからチョコレートがヨーロッパに広まったと伝えられています。※1

→「ケツァルコアトル神」

エンローバーチョコレート

【enrobed chocolate】

エンローブとは、「覆う」という意味。ウエハースやビスケットなどをチョコレートでコーティングしたものを指します。

お

おうこうきぞくののみもの

【王侯貴族の飲み物】

チョコレートはたいへん貴重なものだったため、ヨーロッパに伝わってからも王侯貴族たちしか飲むことができませんでした。とくに、フランスではルイ14世がダヴィット・シャリューという政商に国内のチョコレートの専売権を出しており、1680年くらいまでは貴族階級と聖職者しか楽しめませんでした。ところがイギリスでは少し事情が違って、同じ頃カカオ栽培が盛んだったジャマイカ島をスペインから奪い、カカオの供給権を確保できました。そのためお金さえ出せば身分に関係なくチョコレートを飲むことができました。とはいえ、やはり貴重なものだったため、一般の人々が気軽に口にできるようになったのは、ずっと後になってからです。

→「ルイ14世」「メソアメリカ」

オーガニックチョコレート

【organic chocolate】

近年、増えてきているのがオーガニック（有機）チョコレート。使用する豆、砂糖がすべて有機で栽培されていること、余分な添加物を入れず、さらに流通ルートにまで徹底してこだわっているのが特徴です。

オーガニック認定期間によって、マークは異なります。

おおくぼ・としみち【大久保利通】

1830-1878年。薩摩藩士で、日本の政治家。1971年から、岩倉具視率いる岩倉使節団の一員として、欧米諸国を巡り、フランスのリヨンでチョコレートを食べたそうです。

おがた・まゆみ【小方真弓】

チョコレートの原料となる良質なカカオを求め、世界を旅するカカオハンター®です。南米と日本をホームベースにしながら、さまざまなカカオのプロジェクトに参加し、品種の発掘や、カカオ豆やチョコレートの開発に尽力しています。2015年にはINTERNATIONAL CHOCOLATE AWARD 2015 世界大会マイクロバッチプレーン/オリジンチョコレート部門で、小方さんとコロンビアのアルアコ族の協力によって産まれたチョコレートが金賞を受賞しました。

おくりもの【贈り物】

チョコレートをプレゼントするときには、メッセージを添えたり、すてきな箱やラッピングをすると、ゴージャスに見えます。市販の紙箱にお気に入りの紙を貼ったりアクリル絵の具で、箱に絵を描けばさらにオリジナリティが出るし、質感もよくなります。

おす【お酢】

お酢の専門店『オークスハート』のデザートビネガー（果汁を発酵させた果実酢を使った商品）には、冬期限定で「飲むチョコレートフレーバーの酢」というものが登場します。チョコレートそのものを溶かしたのではなく、香りを付けたお酢で、ベースとなっているのはラズベリーの果実酢です。お水で割ったり、ミルクで割ると美味しいそうです。お酢とチョコレートって意外な組み合わせですよね。

おーぴーぴーしーと【OPPシート】

OPPとはオリエンテッドポリプロピレン（Oriented PolyPropylene）の略で、OPPシートはその素材でできたシートのこと。型や天板に敷いて、その上にテンパリングしたチョコレートを流すと艶が出ます。

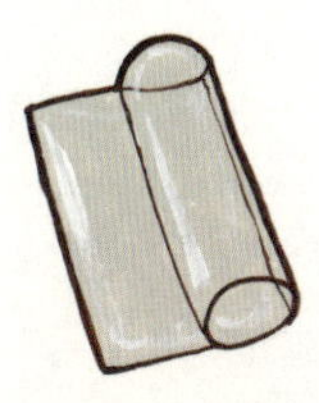

オペラ【opéra】

モーツァルトのオペラにチョコレートが出てきます。『ドン・ジョヴァンニ』では、ドン・ジョヴァンニがコーヒーを、従者のレポレッロがチョコレートを注文、追加でお菓子も頼んでいます。甘党ですね。『コジ・ファン・トゥッテ』では、侍女のデスピーナが朝食としてチョコレートを運んできます。もちろん、どちらも飲むチョコレート。モーツァルト自身もチョコレートが好きだったといいますが、彼の作品の中でチョコレートは小道具としてしっかり活躍しているようですね。

オペラ【Opéra】

パリで生まれたお菓子。アーモンドパウダーでつくったジョコンド生地とコーヒー風味のバタークリーム、チョコレートガナッシュが層になっていて、表面がチョコレートでコーティングされているチョコレートケーキです。

おゆかみずか?【お湯か水か?】

スペイン人がアステカ人からチョコレートドリンクを伝えられたとき、それは水で溶いた冷たい飲み物でした。しかし、アステカより前の時代に栄えたマヤ文明では、どうやらお湯で溶かれていたようです。『チョコレートの歴史』（ソフィー・D・コウ／マイケル・D・コウ著　河出書房新社）によると、「チョコレートと呼ばれる飲み物」を初期のマヤ語では「チャカウ・ハー」といい、これは「熱い水」を意味するとか。そのため、マヤでは熱い飲み物として飲まれていたと考えられているそうです。

お

オランジェット【orangette】

砂糖漬けのオレンジの皮を棒状にカットして、チョコレートでコーティングしたもの。輪切りにスライスした砂糖漬けオレンジにコーティングしてつくることもあります。

おりーぶみたいなちょこれーと
【オリーブみたいなチョコレート】

オリーブの実にそっくりな形をしたチョコレートがあります。オリーブの実そのものをチョコレートでコーティングしたチョコもあれば、アーモンドチョコレートをシュガーコーティングして見た目だけ似せたものもあり、それぞれの美味しさがあります。

おりじんかかお【オリジンカカオ】

→「シングルオリジン／シングルエステート」

オルメカ文明【Olmec civilization】

紀元前1200年ころから紀元前後まで、メキシコ南部の低地の森林地帯に栄えた文明。カカオを加工して最初に利用したのは、オルメカ人という説もあります。巨石文明で知られています。

オルレアン公フィリップ2世
【Philippe II】

1674－1723年。フランス公爵位のひとつブルボン＝オルレアン家の歴代人物の一人。叔父にあたるルイ14世の死後、まだ5歳だったルイ15世に代わり、政治を司っていた当時、コーヒーはまだ珍しく、飲み物としてのショコラの方が広く飲用されていたそうです。フランス人のチョコレート飲用の普及は、この時代すでに始まっていたようです。

おれいんさん【オレイン酸】

カカオバターの脂肪分の約1/3はオレイン酸。不飽和脂肪酸の中でももっとも酸化されにくいため、活性酸素が引き起こす動脈硬化、高血圧、心疾患などの生活習慣病を予防する成分として注目されています。

おんせん【温泉】

カカオの木は、赤道の北緯南緯20度前後でしか育たない、といわれますが、伊豆で温泉の熱を利用し、東京大学樹芸研究所とメリーチョコレートが協力して、国産カカオの栽培に取り組んでいます。温室内に90℃の源泉から引かれた温泉が循環し、カカオ栽培に適した環境を整えています。このカカオは「東京大学樹芸研究所産カカオ（通称・東大カカオ）」と呼ばれ、チョコレートとして製品化される予定です。
→「メリーチョコレート」

おんど【温度】

チョコレートに含まれるカカオバターは、融点が32℃前後。体温に近い温度で急速に融解する特性のため口の中でなめらかに溶けます。保存には18～22℃が適温です。

か

COCOA

小さな小さなビーントゥバー

カカオを味わう店『xocol(ショコル)』

ここは“チョコレートショップ”というよりは、“カカオショップ”という方がぴったりくるかもしれません。石臼を使って豆を挽き、あえて香料やレシチン、油分の追加やコンチングもしない製法で、カカオ本来の素朴な風味を追求しているお店です。
ビーントゥバーのチョコレートは、タブレット型が一般的ですが、xocolではコイン型がメイン。これは厚みのあるタブレットだと、xocolのチョコレートの特徴であるカカオ本来の味や砂糖の粒のざらつきのある舌ざわり、食感を味わうためには、存在感がありすぎるからだそう。そこで試行錯誤の末、溝の入った薄いコイン型のチョコレートに行き着いたのです。薄いコイン型チョコレートは舌の上に乗せると、ざらつきを持ったまま口の中に強い風味を放っていきます。この味わい、ほかのチョコレートと比較するのがちょっとむずかしい美味しさです。

みぞの入った
うす〜い
COIN型

xocolのコイン型チョコレート。

「GENSEKI」はカカオニブのお菓子。小さな缶やガラス瓶に入っています。砂糖でコーティングされたものの見た目は本当に石のよう。

上__木製の機械を手で回しながら、カカオハスク（カカオ豆の皮）を取り除くそうです。じつはこれ、農家から譲ってもらったという脱穀機。

右__xocolのチョコレート製造工程を描いたイラスト。カカオ豆→焙煎→破砕→カカオハスクの除去→摩砕→チョコレート、というシンプルな工程がかわいく描かれています。小人さんがチョコレートを作っているイメージなのだそうです。

ある夏のテイクアウトのドリンクメニュー。メニューは、その年ごとに日本の夏に合うよう工夫しているとのこと。

© xocol STONE GROUND XOCOLATE

そのほか、チョコレートになる前のカカオニブをそのまま使ったお菓子や、カカオニブがトッピングされたかき氷など、ユニークな品揃えのお店です。

チョコレートがカカオからつくられていることは知っていても、カカオそのものの味をあまり意識したことがありませんでした。が、xocolのお菓子やチョコレートを食べると、食材としてのカカオにも興味が湧いてくるから不思議です。

→「ビーントゥーバー」
→「ニブの菓子」
→「かき氷」

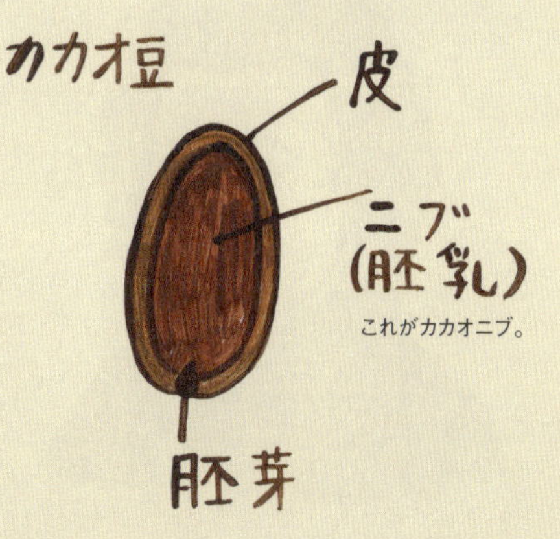

これがカカオニブ。

がーなちょこれーと

【ガーナチョコレート】

ロッテが1964年に発売したチョコレート。ミルクチョコレートの発祥の地スイスより、チョコレート技師マックス・ブラックを招き開発されました。『ガーナミルク』は赤、『ガーナブラック』は黒、『ガーナホワイト』は白いパッケージです。このチョコの名前から、カカオの産地といえばガーナを思い浮かべる人も多いのでは?

1964年発売時のパッケージ

カール・フォン・リンネ

【Carl von Linné】

1707-1778年。スウェーデンの科学者で、現在の生物の分類に使われている属名+種名からなる二名法を考案した人物として知られています。1753年、カカオの木の学名をテオブロマ・カカオと名づけました。ご本人もチョコレートがお好きだったそうです。※1

→「テオブロマ・カカオ」

かいが【絵画】

絵の中にチョコレートが描かれたのは、古くはマヤ、アステカの時代にまで遡り、神や王とともに描かれることが多く、チョコレートが神聖でとても貴重だったことがうかがわれます。ヨーロッパでは17世紀から18世紀にかけて、人々の暮らしを描いた「風俗画」と呼ばれるジャンルの絵の中にチョコレートはたびたび登場します。もっとも有名な絵が、ジャン・エティエンヌ・リオタールの描いた『チョコレートを運ぶ娘』でしょう。召使いの少女が主人にチョコレートを運んでいく姿が描かれています。同時代の画家ピエトロ・ロンギは、貴族たちが優雅に朝のチョコレートを楽しんでいる様子を『朝のチョコレート』という絵にしています。ロココの画家フランソワ・ブーシェも『朝食』の中で、寛ぐ上流階級の家族とともにショコラティエール(チョコレートポット)を描いています。

→「ジャン・エティエンヌ・リオタール」

リオタール「チョコレートを運ぶ娘」
画像提供/石屋製菓

カカオ・アン・プードル

【cacao en poudre】

フランス語で「カカオパウダー」のこと。

→「カカオパウダー」

カカオセック【cacao sec】

カカオマスからカカオバターを圧搾したときに残った固形分。フランス語で「乾燥カカオ」という意味です。ココアケーキとも呼ばれます。

かかお・ちょこれーと・ここあ
【カカオ・チョコレート・ココア】

カカオの木の学名は、テオブロマ・カカオ。これは世界共通ですが、日常生活でこの名を使うことはまずありません。アメリカ英語では、カカオの木から採れる未加工のものをすべて「カカオ」と呼ぶ慣わしがあるようです。加工処理されたものは、液体でも固形でも「チョコレート」。「ココア」は、バンホーテンが発明したカカオマスから一部脱脂した粉末を指します。日本での呼び方もアメリカ英語と基本的には同じです。一方、イギリス英語では、ココアはアメリカ英語のカカオやチョコレートを意味することが多いよう。さらに、ニューヨーク農産物市場では、未加工の種子をココアと呼んでいるそうです。まぎらわしいですね！ ※1

カカオニブ【cacao nibs】

焙煎したカカオ豆を砕いて、皮を取り除いたもの。カカオ豆の胚乳部分。豆本来の力強い風味と食感を生かして、粒状になったニブを製菓材料として使うこともあります。
→「ニブの菓子」

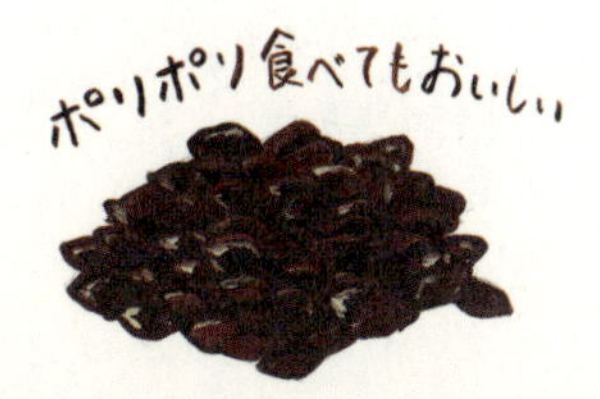

かかおのき【カカオの木】

アオギリ科に属する樹木で幹生花。背が高く、7〜12mほどまで成長します。カカオの木は、赤道を挟んで北緯、南緯20度前後の地域で、平均気温が約27℃、年間の降水量が1000ml以上、海抜30〜300mの高温多湿の環境でしか育たないといわれています。中央アメリカから南アメリカの熱帯地域が原産とされていますが、現在は、中南米、アフリカ、アジア、オセアニアなどで栽培されています。
→「アオギリ科」「幹生花」「温泉」

かかおのはな【カカオの花】

白くて可憐な花で、太い幹に直接咲きます。花はぶら下がるように下向きに咲くのが特徴です。

カカオパウダー【cacao powder】

カカオの固形分（カカオセック）を粉砕して粉末状にしたもの。ココアパウダーも同じ。
→「ココア」「カカオセック」

カカオハスク【cacao husk】

カカオ豆の皮のこと。チョコレートの製造過程で廃棄されますが、肥料として野菜づくりやガーデニングなどに活用されることもあります。歯磨きにまぜると虫歯予防に効果がある、との説も。お茶のようにして飲むこともできます。
→「カカオ豆のお茶」

カカオバター【cacao butter】

カカオマスを圧搾して取り出した、カカオの油脂分。ココアバターともいいます。常温では固形ですが、体温より少し低い温度で完全に溶けて液体になります。溶け始める温度と結晶化し始める温度の差が2〜3度ほどしかありません。じつはこの特性こそがチョコレートの「口の中でスーッと消えるような」なめらかな口溶けの秘密なのです。ちなみに、動物性油脂のバターは、固形と液体の間（粘土のように変形する状態）の幅が10〜12度ほどあり、動物性油脂を含むチョコレートは口の中に残るので、ココアバターだけのチョコレートとは違った口溶けになります。

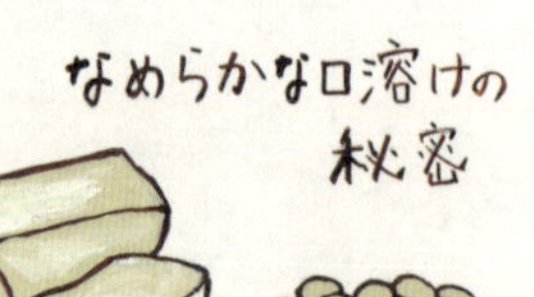

カカオパルプ【cacao pulp】

カカオの果実に詰まった白い果肉。ライチやフレッシュアーモンドのような甘い香りがして、とても美味しいそうです。生産地でないとなかなか味わえないのが残念です。

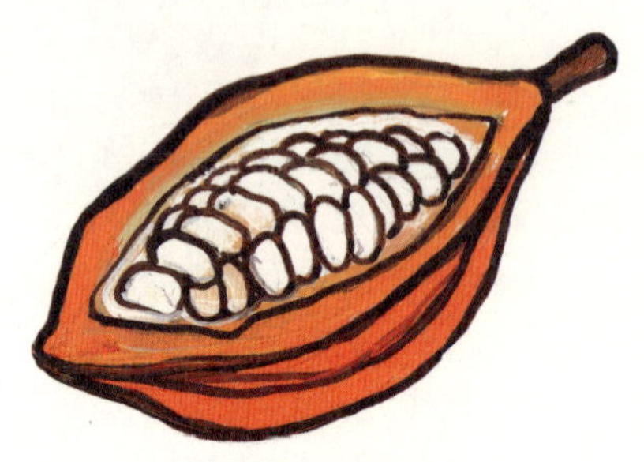

カカオビーン【cacao bean】

カカオ豆のこと。
→「カカオ豆」

カカオ・プリエト【CACAO PRIETO】

2008年に、もと航空宇宙エンジニアのダニエル・プリエト・プレストンがスタートしたビーントゥバーのチョコレートブランド。プリエト家が100年以上所有しているドミニカ共和国のコラリーナ農園で収穫された有機栽培のカカオ豆ときび砂糖からつくられています。なかでも、シングルオリジンのチョコレートはドミニカでもっとも古いクリオロ種のカカオ豆を使用しているそうです。

CACAO  PRIETO

カカオポッド

【cacao pod】

カカオの木になる実。ラグビーボールのような形の表面のかたい殻は、黄、オレンジ、赤など品種により異なります。個体差はありますが、長さは15cm〜30cm、直径は10cm〜12cm、重さは200g〜1000gくらい。ひとつの実に30〜60個の種子が入っています。

カカオマス【cacao mass】

カカオ豆を発酵、乾燥させ、焙煎し、すりつぶしてペースト状にして固めたもの。見た目はチョコレートそのものですが、砂糖を加えていないカカオ100%で、とても苦い。全体の約半分をカカオバター（カカオ豆の油脂分）が占めています。液体状のときはカカオリカーと呼ばれます。

かかおまめ【カカオ豆】

チョコレートやココアの主原料。カカオの木になる果実（カカオポッド）の中にある種子のこと。油脂分（カカオバター）分が、全体の半分を占めるため、20℃以下の環境では発芽できないといわれています。生豆の表面は白く、それを半分に割ると中は紫。この色がカカオポリフェノール成分の証です。発酵させるとたくさんのうまみ成分が生まれ、ローストにより香りが立ち、人の手により、なめらかなチョコレートへと姿を変えていきます。

かかおまめのおちゃ【カカオ豆のお茶】

カカオ豆をローストして、カカオニブを取り出した後の皮、カカオハスクはお湯で蒸らしてお茶のように飲むことができます。さっぱりしていて、ちょっとほうじ茶に似た飲みやすい味です。

→「カカオハスク」

カカオリカー【cacao liquor】

カカオマスが液体状のときの呼び名。チョコレートリカーとも。チョコレート・ココアの製造工場の専門用語では、ビターチョコレートのことを、カカオリカー、チョコレートリカーと呼ぶこともあります。

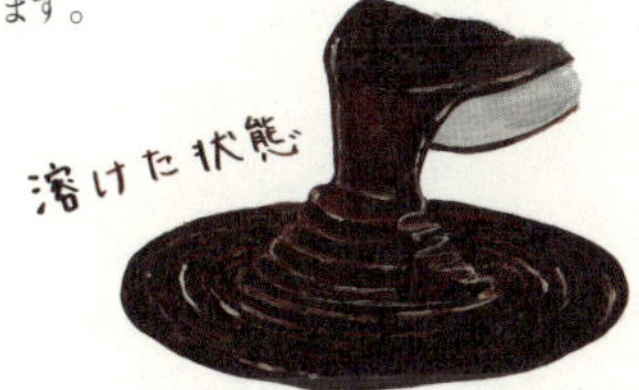

かかわとるとちょこらとる

【カカワトルとチョコラトル】

カカワトルはナワトル語で「カカオの水」という意味。アステカで飲まれていた、カカオの豆をすり潰して水に溶かした飲み物で、チョコレートの原点と考えられています。チョコラトルは、スペイン侵略後に編纂されたナワトル語の辞典にチョコレートを指す言葉としてはじめて登場したとか。チョコレートの語源については諸説ありますが、カカワトルの「カカ」の音は、ラテン語で「糞便」を意味する幼児語だったため、スペイン人がチョコラトルという言葉を考え出したという説もあるそうです。※1

か

かきごおり【かき氷】

湿度の高い日本の夏にはチョコレートのかき氷があります。ビーントゥバーの店xocolでは、野菜のビーツでつくった甘酸っぱくて鮮やかな赤いシロップとカカオ、トッピングにカカオニブや生チョコを合わせた爽やかなかき氷を楽しめます。

かきのたね【柿の種】

柿の種の形をした、お醤油味のスナックに、チョコレートをコーティングしたものがあります。ホワイトチョコレートやストロベリーチョコレートなどのバリエーションも。

かきまぜぼう【かき混ぜ棒】

→「モリニーリョ」

かくしあじ【隠し味】

チョコレートは、料理にコクを与えてくれるので、隠し味に使うのもおすすめです。シチューやカレーなどの洋風メニューだけでなく、じつはサバのみそ煮など和食にも合うそうです。魚のくさみを消して、深い味わいになるのだとか。古くなって風味が落ちたチョコレートがあったら活用してはいかが?

かたぬき【型抜き】

冷却し、固まったチョコレートを型から抜くこと。液体から固形になったチョコレートは収縮しているため、型を逆さにして少し刺激を与えるだけでも簡単に外れます。

かったーないふ【カッターナイフ】

刃先がポキッと折れて、最後まで切れ味が持続するカッターナイフは、日本生まれ。日本のメーカー「オルファ」が開発しました。オルファ社の岡田良男さんが板チョコがパキッと折れる様子からインスピレーションを得て、同じようにカミソリの刃が折れたらよいのでは? と開発をスタート。チョコレートのおかげで、昭和31年にスライド式で刃の折れるカッターナイフが誕生したのです。

ガトーショコラ【Gâteau au chocolat】

チョコレートケーキのこと。フランスでは家庭菓子の定番で、その家によってレシピはさまざま。市販の板チョコを溶かして、卵や小麦粉、砂糖をくわえて、身近な材料で簡単につくってしまう人も多いようです。

ガナッシュ【ganache】

生クリーム、または牛乳とチョコレートを乳化させ、ペースト状にした口溶けの良いチョコレートクリーム。トリュフの中身などに使われます。

かばーちょこれーと【カバーチョコレート】

→「クーベルチュール」

カバーリング【covering】

→「コーティング」

カファレル【caffarel】

ピエール・ポール・カファレルが1826年にイタリアのトリノに創業したチョコレートブランド。1865年にはヘーゼルナッツとチョコレートを組み合わせたジャンドゥーヤチョコレートを生み出しました。イタリアらしい、かわいいパッケージでも人気があります。

→「ジャンドゥーヤ」

カフェイン【caffein】

カフェインといえばコーヒーのイメージですが、チョコレートにも含まれています。カカオの配合率でカフェインの量も違ってきますが、株式会社 明治のホームページによると、明治ミルクチョコレート1枚50gに含まれるカフェインの量はコーヒー一杯（150ml）の6分の1ほどだそうです。

かふぇもか【カフェモカ】

エスプレッソとミルク、チョコレートシロップを合わせた飲み物。ホットもアイスもあり、生クリームをトッピングすることもあります。コーヒー豆にモカという種類がありますが、とくに関係はないようです。

かぶしきがいしゃ めいじ【株式会社 明治】

1906年に起源となる「明治製糖」が創設され、1916年には「明治製菓」の前身となる「東京菓子」がスタートしました。1926年にロングセラーとなる『明治ミルクチョコレート』の販売を開始しました。「明治製菓」と「明治乳業」との事業再編により、2011年に社名は「株式会社 明治」となりました。

かふんしょう【花粉症】

カカオポリフェノールは免疫過剰や細胞からのヒスタミン放出を抑制するため、花粉症の症状を軽くするといわれています。また、活性酸素の異常な働きを抑えてくれるそうです。

夢の チョコレート工場に行きました!

**映画『チャーリーとチョコレート工場』では、
チョコレートで当たったゴールデンチケットを手に入れた子ども5人と
その保護者だけが、不思議な工場を見学することを許されました。
でも私たちにとっても、チョコレート工場見学は“夢”ですよね!**

さて日本では特別なチケットがなくても、インターネットなどで申し込めば、大手メーカーのいくつかで工場見学ができます(人気が高いので、すぐにいっぱいになってしまうようですが)。衛生管理を厳重に行っているため、多くの工場ではガラス張りの廊下から見学することになりますが、甘い香りを嗅ぎながら、チョコレートができ上がってくる工程を見られるのは貴重な体験。ぜひ、申し込んでみてください。
さて、わたくしRIKAKOは、森永製菓の工場を見学させてもらいました。
取材のために特別に許可していただいたので、通常の見学コースとは異なりますが、そのときの様子をレポートさせていただきます!

工場見学スタイルに変身

工場に入るには、なにより衛生第一! まずは使い捨ての白衣を着用。そして、髪の毛が完全に隠れる帽子を被ります。この帽子は、眼鏡を通すための専用のパーツまでついています。そして、耳にひっかけないタイプのマスクを着用(耳にかけるマスクだと、髪の毛が落ちる可能性があるからだそうです)。さらに、白い靴に履き替えます。

取材申し込みの
時に
足のサイズを
聞かれたのは
このためですね

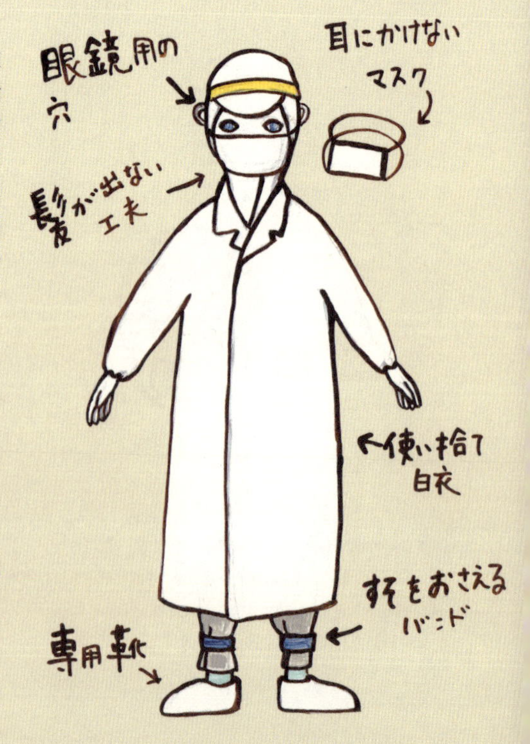

清潔第一です

工場ウエアに着替えて、さて入場。その前に手の消毒を丁寧にし、白衣の上から、粘着テープで埃や毛、目に見えないゴミまで取ります。ちょっとしたホコリも持ち込まないようにとの配慮です。工場で働く皆さんを観察していたのですが、これを徹底してました。ちょっと外に出た後も、必ず全身をコロコロ。マメだなあ、習慣になっているのだなあ、と感心しました。

まぼろしのタンクローリー車

カカオ豆からコンチング作業まで終わったチョコレートは、別の工場からも運ばれてきます。コンチングされたチョコレートをどうやって輸送しているかというと、特別なタンクローリー車を使うのです。中のチョコレートが固まらないように、しっかり温度管理された状態で輸送。何度ですか？ と思わず聞いてしまいましたが、「企業秘密です」とにっこり。タンクローリー車から、種類ごとに分けられたタンクに移し替えられて、工場内の各製造ラインに運ばれていきます。

検品、検品、また検品!

テンパリングを終えたチョコレートは、まずはモールド(チョコレートの型)に詰められます。余分な空気などを取り除き、チョコレートが均一になるようにカタカタと揺さぶられながら、ポリカーボネート製のモールドに入ったチョコレートが移動していきます。この途中に検品する機械があって、異物が入っていないかをチェック。そして、冷却器へ移動。冷却器から固まったチョコレートが出てくると、自動的にモールドが逆さまになって、チョコレートがパコっと、外れます。ここでも異物の混入がないかがチェックされます。そして、重量があっているかもチェック。検品こんなにするの? とびっくりです。この検品を通過できたチョコレートは、次に梱包するための場所に移動します。

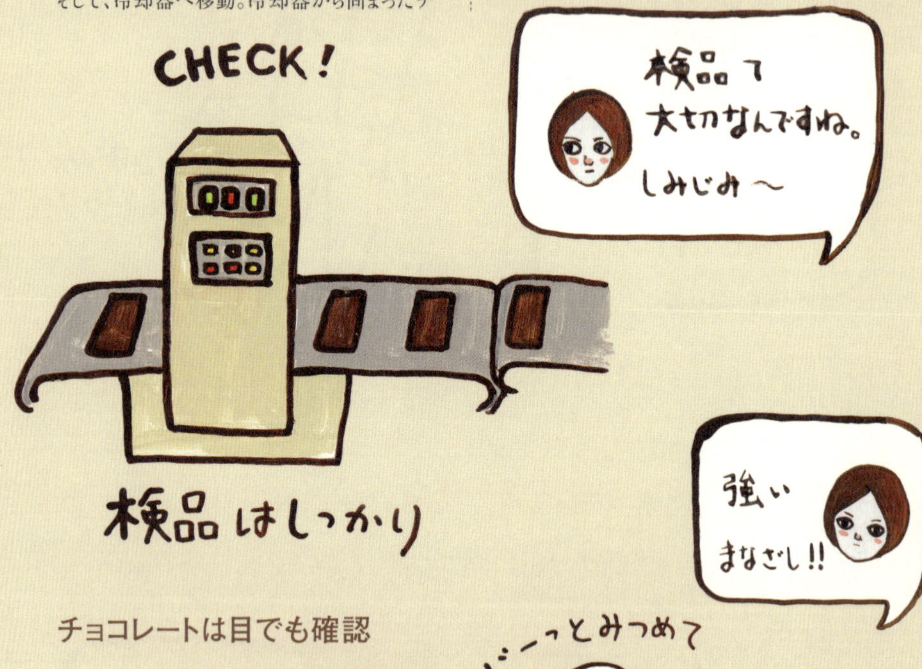

チョコレートは目でも確認

チョコレート工場では、機械による厳重な検品が行われていますが、じつは完全に機械任せというわけではありません。工場内で不思議な景色に遭遇しました。チョコレートをひたすら見つめているのです。この時チェックされていたのはホワイトチョコレート。検査機のチェックで衛生上は問題ないチョコレートも、人の目で見るとどこかしら違和感を感じることがあるのだそうです。それを確認するのはやはり人の目でしかできないとか。じーっとチョコレートを見つめる姿がかっこよかったです。

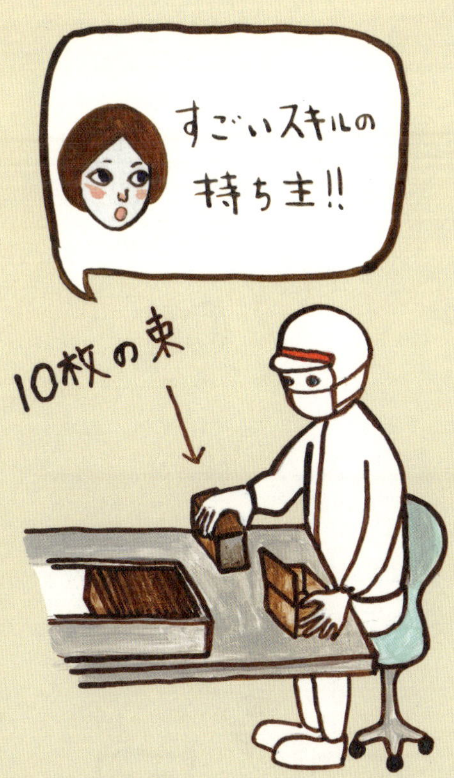

1分間になんと100枚!

完成したチョコレートは、梱包する機械にかけられ瞬く間に1枚1枚パッケージされていきます。パッケージする機械は検品機能も兼ね備えていて、ここでもまた検品。1分間に約100枚のチョコレートが個包装されていきます。驚くべきことに、この次の段階で人力が登場するのです。個包装されたチョコレートが機械から出てくると、工場のスタッフが、右手でパッとチョコレートを掴み、10枚入りの箱に詰めていきます。一度に10枚正確に掴みます。しかも、この手の感触で検品もしています。違和感を感じた物は、束から外しているのだそうです。1分間に100枚箱詰めするスキル、どうやって身に付けたのでしょう。6秒で1箱詰めてるということですよね。ちなみに、集中力を維持するために、1時間ごとにスタッフの方達は持ち場を交代するシステムです。

チョコレート工場に萌える

「工場萌え」という言葉があります。コンビナートや工場の夜間照明、煙突や配管などの重厚な構造美を愛でる人々や、その美しさを写真に撮ったりする行為を指すようです。が、チョコレート工場を見学して、別の意味で萌えてしまいました。工場で働く人々のスキルの高さや、自分たちのつくった製品への愛情の深さにです。毎日自分のつくったチョコレートを食べて、どの高級ブランドのチョコレートよりも美味しい、と誇らしげに語ります。普段はマスクで顔がほぼ隠れていますが、チョコレートの話をするときは、清々しい笑顔です。カッコいい! これもある意味「工場萌え」ではないでしょうか?

か

カリウム【kalium】

心臓や筋肉を正常に保つミネラル。不足すると、高血圧や心不全、便秘などがおきやすくなることも。カカオ豆100gには、カリウムが745.0mg%含まれます。※2

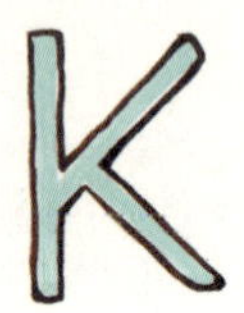

カルシウム【calcium】

骨や歯などをつくるミネラル成分。カカオ豆100gには、カルシウム7.5mg%が含まれます。※2

かんじ【漢字】

1878年、チョコレートを日本で最初に製造したのは、「東京凮月堂」の前身、「米津凮月堂」でした（一貫製造は1918年の森永製菓が最初）。その年の『かなよみ新聞』に「貯古齢糖　洋酒入りボンボン」の広告を掲載。その後も「猪口令糖」の文字で広告を出しています。なんとなく読めますが、当て字ですよね。ほかにも、知古辣他、知古辣他、千代古齢糖、血汚齢糖などで表記されたこともあったそうですが、ここまでくると、なんのことか分からない人も多かったのではないかなあ。

→「米津凮月堂」

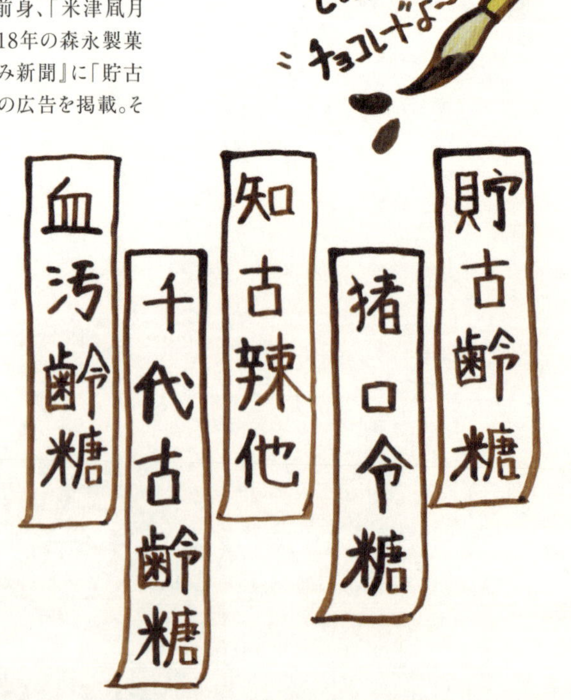

カルロス1世 【CalrosI】

1500-1558年。スペイン国王であり、ハプスブルク家出身の神聖ローマ皇帝カール5世でもあります。エルナン・コルテスがスペインに戻るときに、カカオ豆とチョコレートドリンクをつくる器具をカルロス1世に献上し、これをきっかけにチョコレートがヨーロッパに広がったといわれています。

カレ 【carré】

正方形をした薄型のチョコレートのこと。カレ（キャレともいう）は、フランス語で正方形の意味。

カロリー 【calory】

甘いチョコほど糖分が多くて高カロリーに思えますが、そうとは限りません。ミルクチョコレートなら100グラム当たり平均約560kcal、カカオ70%前後のダークチョコレートで580kcal、カカオの含有量が高くなれば600kcalを超えます。ちなみに赤ワインなら1本（750ml）で約550kcal。ほとんど同じですね。さあ、どっちを選ぶ？

or

かんせいか 【幹生花】

樹木の幹に直接花が咲き、実がなる植物の形態のことで、カカオはまさにその幹生花ですが、パパイヤ、ドリアンなどの熱帯の植物にも幹生花がよく見られます。幹にカカオの実がポコンとくっついている様子を初めて見るとちょっとびっくりします。

きすちょこ 【キスチョコ】

1907年に誕生したアメリカ、ハーシー社を代表するチョコレート。小さなフラッグつきの銀紙に包まれたかわいらしい形の、甘いミルクチョコレートは世界中で人気です。

→「ハーシー」

ギターカッター 【guitar cutter】

ガナッシュなどを均一にカットするとき使うカッター。プラリネカッターともよぶ。ステンレスやアルミの台に、ギターの弦のようにワイヤーが張ってあります。

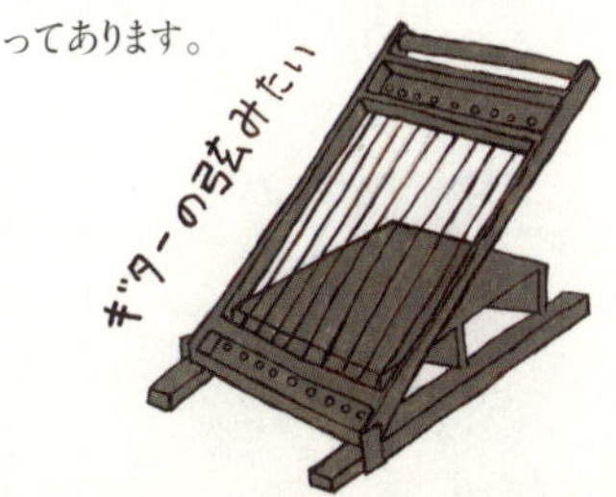

き

き

キットカット【Kit Kat】

1935年、イギリスのロントリー社から"職場に持っていけるチョコレート"として『キットカット』の前身『チョコレート クリスプ』が発売されました。1937年に『キットカット』に名前を改め、1988年ネスレが製造・販売を引継ぎました。日本には1973年に上陸し、1989年から国内工場での製造がスタート。定番のミルクチョコレートだけでなく、さまざまなフレーバーやご当地キットカットがつくられるようになりました。また、九州の方言「きっとかつとぉ（きっと勝つよ）」が『キットカット』と似ているため、受験生の間で話題となり、今では、「受験といえばキットカット」のイメージが定着しています。4フィンガーや小分けタイプなど様々あります。

きのこのやま【きのこの山】

1975年発売の明治のチョコレートスナック。じつは、『アポロ』をつくっているのと同じ機械からもっといろいろな形の製品ができないか、と工夫を重ねて誕生したものです。三角の頭にクラッカーの持ち手をつけてみたら、きのこのようでかわいかったため、『きのこの山』と名付けられました。『たけのこの里』はその第二弾として、1979年に発売されました。

→「アポロ」「コラム:専門家に見える略語、お教えします」

ぎぶみーちょこれーと

【ギブ・ミー・チョコレート】

第二次世界大戦後の日本で「ギブミーチョコレート」という言葉が流行語になりました。昨日まで敵であったアメリカの進駐軍に、お腹を空かせた子どもたちは「ぎぶみーちょこれーと」と叫んで無邪気にお菓子をねだりました。大人たちは、やりきれない思いでそんな子どもたちを見ていたようです。2013年に放送されたNHK朝の連続テレビ小説『ごちそうさん』にも、もらったチョコレートを主人公が食べずにしまっておくシーンがありました。美味しいに決まっているチョコレートに対して、当時の日本人には複雑な思いもあったのでしょうね。

きむら・かえら【木村カエラ】

木村カエラの『チョコレート』の作詞は、彼女自身が手がけています。チョコレートのような苦さと甘い口溶け、そんな不思議な力について歌っているラブソングです。

キャドバリー【Cadbury】

キャドバリー社は、1824年、チョコレートやコーヒー、紅茶を販売する店としてスタート。1854年には英国王室御用達となり、その後世界屈指のチョコレートメーカーに成長しました。それまでミルクチョコレートには粉乳を使うのが一般的でしたが、1905年に、生乳を使用した製法でつくった『デイリーミルクチョコレート』を発売。このチョコレートには、コップ1杯半ものミルクが入っているのが売りで、1928年からはパッケージにはコップからミルクが注がれるロゴが使用されています。

→「キャドバリー兄弟」

キャドバリー兄弟【Cadbury brothers】

（ジョン・キャドバリー John Cadbury 1801-1889年）（ベンジャミン・キャドバリー Benjamin Cadbury 1798年－1880年）
1824年、イギリスのバーミンガムでジョンが、チョコレートやコーヒー、紅茶を販売する店をオープンしました。チョコレートはお酒の代わりになるもの、と考えたジョンはチョコレート製造業をはじめ、1847年からは兄弟のベンジャミンも事業に参加しています。

ギャバ【GABA】

ギャバとは、γ（ガンマ）-アミノ酪酸（Gamma Amino Butyric Acid）の略で、植物や動物、人間の体内にも存在する天然のアミノ酸の一種。脳や脊髄で抑制性の神経伝達物質として働くとされ、ストレス社会の中で脚光を浴びている成分です。そのギャバに注目してつくられたチョコレートが江崎グリコのメンタルバランスチョコレート『GABA』です。ホッとしたいときに一口食べてみたいですね。

→「江崎グリコ株式会社」

キャンディーバー【candy bar】

アメではなく、『スニッカーズ』や『ミルキーウェイ』などのチョコレートバーもキャンディーバーと呼ばれます。アメリカでは、ソリッドチョコレート（板チョコ）もこのグループに含まれ、映画『チャーリーとチョコレート工場』の英語版では、ゴールデンチケットの入っている板チョコもキャンディーバーと呼ばれています。

き

きょだいかんばん【巨大看板】

ギネスブックに登録された世界最大のプラスチック製広告看板が『明治ミルクチョコレート』の巨大看板「ビッグミルチ」です。2011年に設置され、株式会社 明治の大阪工場の壁面を覆っています。高さ27.6m×幅165.9m、通常販売されているミルクチョコレートの約38万枚分の大きさだそうです。ちなみに、ミルチとは『明治ミルクチョコレート』のこと。

→「コラム:専門家に見える略語、お教えします」

画像提供／株式会社 明治

ぎんがみ【銀紙】

チョコレートが銀紙で包装されているのには、理由があります。まずは、銀紙の遮光性。次にチョコレートに含まれる油脂の酸化を防ぐため。銀紙は、水分や空気を通しにくい性質があり、チョコレートの香りを外に逃がさず外からの移り香を防ぎます。さらに、チョコレートにつく虫を物理的に遮断できる防虫効果も。また、銀紙は包むときに癖をつけやすいので、きっちり包装できるため、食べかけのチョコレートも包みやすく、剥がしやすいという特徴があります。ちなみに素材も時代とともに進化し、『明治ミルクチョコレート』や『森永ミルクチョコレート』の場合、発売当初は銀紙でしたが現在はアルミ箔に樹脂をコーティングした材料を使用して品質保持性を上げる工夫をしているそう。自宅でチョコレートを保存するときも、上手にアルミホイルを利用しましょう。

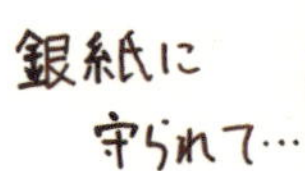

ぎりちょこ【義理チョコ】

バレンタインデーに、愛情表現としてではなく、義理で贈るチョコレートのこと。日頃お世話になっている感謝の気持ちとして贈るケースもよくあります。

→「コラム:バレンタインデーとチョコレート」
「本命チョコ」

グアナハ【GUANAJA】

中米ホンジュラスにある島。1502年、この島の沖合でクリストファー・コロンブスが、カカオ豆を積んだカヌーと出会ったという伝説の地。ちなみに、ヴァローナ社のブラックチョコレート「グアナラ」も日本語の表記は違いますが、アルファベットの綴りは「GUANAJA」で、この島の名前と同じです。

→「コロンブス」
「ヴァローナ」

クーゲル【kugel】

クーゲルとは、ドイツ語で「球状」を意味し、ボールの形をしたチョコレートカップのこと。クーゲルンとも呼びます。中は空洞になっていて、この中にガナッシュを詰めて、テンパリングしたチョコレートでコーティングします。

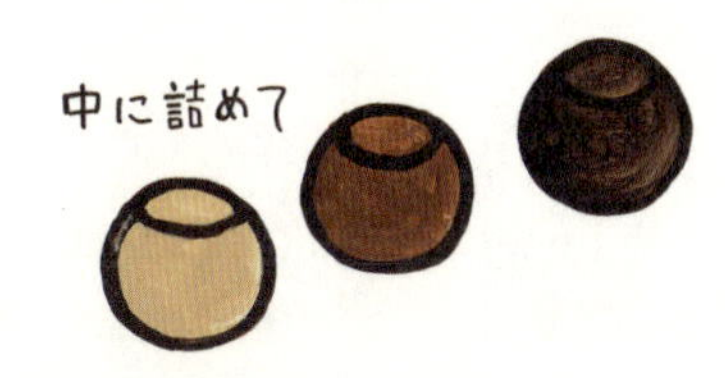

ぐーちょきぱー【グーチョキパー】

じゃんけんをして、勝った人がグーなら「グリコ」といいながら3歩、チョキなら「チヨコレイト」で6歩。パーなら「パイナツプル」で6歩進むじゃんけん遊び。地域によって「グリコのおまけ」で7歩、あるいは「グリコのおまけつき」で9歩進むルールもあります。屋外の階段で遊ぶこともあるようです。ちなみに、1933年大阪朝日新聞のグリコの広告に「東京でハヤるジャンケンのよび方」として掲載されたそうです。

→「江崎グリコ」

↑当時のグリコの広告

クーベルチュール【couverture】

おもにボンボンやケーキの繊細な細工やカバーに使われる製菓用チョコレート。クーベルチュールとはフランス語でカバー（覆い）という意味で、カバーチョコレートとも呼ばれます。カカオマスにさらにカカオバターを加えているため、流動性があり、なめらかなのが特徴です。国際規格では、総カカオ固形分35%以上、その中に含まれるカカオバターは31%以上などの義務付けがありますが、日本では製菓用のチョコレート全般を指す場合があります。カカオバターのほか、糖分、香料、種類によっては粉乳などが添加されています。種類は、ブラック（ノワール）、ミルク（レ）、ホワイト（ブラン）の3種類。

→「チョコレートの国際規格」

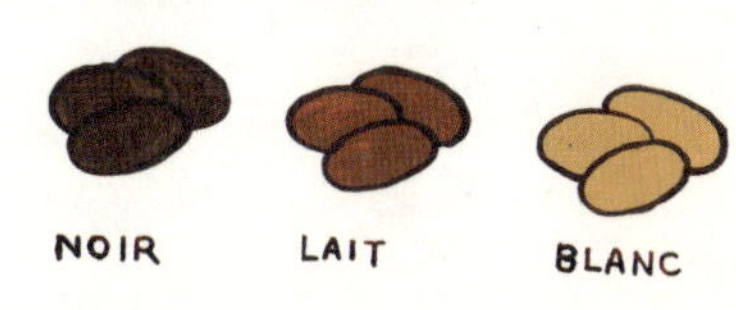

くすた・えりこ【楠田枝里子】

司会者・エッセイスト。「チョコレートなしでは生きられない」と公言するほどのチョコレート好きで、チョコレートに関する著書に『チョコレート・ダイエット』（幻冬社）、『チョコレートの奇跡』（中央公論新社）があります。『チョコレートの奇跡』は、医師や科学者、ショコラティエなど、各ジャンルの専門家に取材したもので、楠田さんの独自の視点とチョコレートへの熱い愛が感じられる内容です。

関西はお抹茶がタタいね

旅先で探してみよう
ご当地チョコ

特定の地域でしか買えない地域限定チョコが全国各地にあります。

その土地ならではの素材や名産品を使ったチョコレート、名所にちなんだ形や特別なパッケージのチョコレートなどちょっと珍しいものが色々あります。『キットカット』や『アポロ』、『きのこの山』『チロルチョコ』『コアラのマーチ』など、有名なチョコレートにも地域限定品がそろっています。そのほんの一部がこれ。チョコレートから土地柄が見えてきますね。

⑯関西限定
アポロ
抹茶風味

⑰関西限定
コアラのマーチ

⑱京都土産
キットカット
伊藤久右衛門宇治抹茶

⑲京都土産
きのこの山
宇治抹茶

⑳西日本地区限定
チロルチョコ
甘酒

㉑中国・四国土産
キットカット
柑橘黄金ブレンド

㉒四国限定
チロルチョコ
ポンジュース

㉓九州土産
キットカット
あまおう苺

㉔沖縄・九州土産
キットカット
紅いも

※1 一部の製品はすでに販売を終了しています。
※2 地域限定チョコは、メーカーにより特定の店舗でのみ販売されている製品もあります。

❶北海道限定
アポロ
北海道メロン味

❷北海道限定
きのこの山
ホワイトプレミアム

❸みちのく限定
アポロ
りんご味

❹東北潟限定
きのこの山
ずんだ風味

❺栃木土産
キットカット
とちおとめ

❻東京土産
キットカット
ラムレーズン

❼東京限定
コアラのマーチ

❽横浜土産
キットカット
ストロベリーチーズケーキ味

❾静岡・関東土産
キットカット
田丸屋本店わさび

❿富士山
アポロ
濃いいちご味

⓫信州限定
アポロ
ぶどう味

⓬信州土産
キットカット
信州りんご

⓭東海・北陸土産
キットカット
あずきサンド味

⓮東海限定
きのこの山
栗きんとん

⓯東海限定
コアラのマーチ

く

くすり【薬】

チョコレートは、昔から滋養強壮に良く、胃腸の調子を整えたり、炎症を抑えたり、解熱効果もある万能薬と考えられていました。チョコレート発祥の地、メソアメリカでは、カカオを飲んでいるとヘビに噛まれても死なない、毒消しの効果もあるとされていました。飲用だけではなく、カカオバターは座薬の基剤や軟膏としても使われています。
→「カカオバター」「メソアメリカ」

くちべに【口紅】

カカオバターは、酸化しにくい安定した脂質であるうえ、融点が体温より少し低めなため、常温では固体、皮膚に触れると溶けて伸びが良いという性質があります。そのため口紅やリップクリームの材料として使われています。ちなみに、フランスには、口紅そっくりのチョコレートもあるそうです。
→「カカオバター」

グラサージュ【glaçage】

お菓子の表面に、糖衣やクリーム、チョコレートを被うこと。

グラス・オ・ショコラ

【glace au chocolat】

フランス語でチョコレートを使ったアイスクリームのこと。

クラブ・デ・クロックール・ドゥ・ショコラ

【Club des Croqueurs de Chocolat】

略してCCC。クラブ・デ・クロックール・ドゥ・ショコラは1981年に発足したフランスのチョコレート愛好家団体。毎年チョコレートのガイドブックLe Guide des Croqueurs de Chocolat（ル・ギード・デ・クロックール・ドゥ・ショコラ）を発行しています。

クリスマスケーキ【christmas cake】

イギリスのプディング、イタリアのパンドロ、ドイツのシュトーレンやレープクーヘンなどクリスマスケーキは国によって伝統的なものがあり、味や形もさまざまです。なかでもよくチョコレートが使われるものといったらフランスの「ブッシュ・ド・ノエル」。実はプレーンなスポンジ生地にバタークリームを使ったものが伝統スタイルですが、今ではチョコレート生地＋チョコレートクリームのタイプもすっかり定番になりました。
→「ブッシュ・ド・ノエル」

ぐるちょこ【グルチョコ】

グルコースを主原料とした代用チョコレート。戦後の日本では、このグルコースに原料統制の対象からはずれていた薬品用カカオバター製造の副産物だったカカオパウダーなどを配合して、チョコレートの代用品を生産しました。通称「グルチョコ」と呼ばれるこの代用チョコレートは需要に供給が追いつかないほどの大人気だったとか。1949年には、東京都復興宝くじの景品として、約80万枚納品されたそうです。
→「代用チョコレート」「カカオバター」

クレミノ【cremino】

トリノ伝統の一口大の立方体のチョコレート。クレミーノともいう。ジャンドゥーヤチョコレートで、ヘーゼルナッツペーストをサンドした三層タイプが多いが、メーカーによって個性があります。やわらかいヘーゼルナッツペーストを直角に切り立った美しい立方体にカットするのにピアノ線を使っていました。

→「ギターカッター」

くろがゆ【黒粥】

チョコレート、パン粉、バター、アーモンド、シナモンでつくったパン粥のこと。18世紀にイタリア北部のトレントに住んでいた、フェリチ・リベラという聖職者によるレシピ集に載っています。お汁粉っぽい見た目をしているようです。

ぐんようちょこれーと【軍用チョコレート】

ポケットサイズで高カロリーの非常食として、第二次大戦中に軍用チョコレートが配給されました。アメリカ軍用チョコレートの大部分はアメリカ最大のチョコレートメーカーであるハーシー社が、軍仕様の特別なロットで製造。このチョコレートについて1937年米軍のローガン大佐からハーシー社に依頼がありましたが、その条件は、「重量が4オンス（110g）、高カロリー、耐熱性」。さらに軍から、より耐久性と風味のあるチョコレートはできないかという打診があり開発されたのが『トロピカル・バー』です。4オンス3パックで戦闘員が1日に必要とする最低限のエネルギー1800kcalを満たし、より風味があり、しかも48℃の中に1時間置いても形が変わらないという耐熱性にも優れたチョコレートです。そしてこれは1971年のアポロ15号の宇宙食にも採用されました。その後、湾岸戦争中にハーシーは60℃にも耐えられる『デザート・バー』を開発し、採用されています。

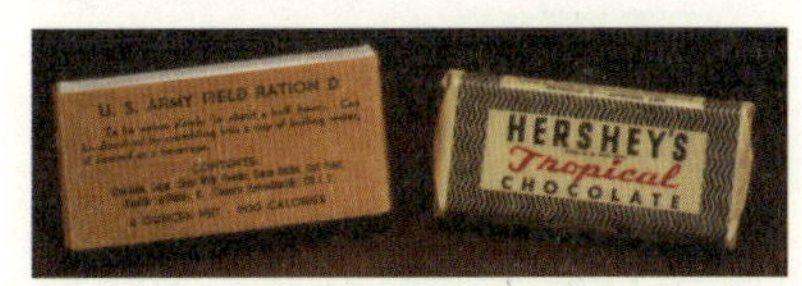

第2次大戦中の1942年軍用のレーションDに採用されたトロピカル・バー。

ケツァルコアトル神【Quetzalcoatl】

アステカ神話の文化と農耕の神で、カカオをもたらした神様としてあがめられていました。アステカには、長いひげと白い肌をもち、「一の葦の年に復活する」という予言があり、これは1519年、つまりスペイン人のコルテスたちコンキスタドール（征服者）が訪れたのと同じ年にあたります。この偶然のために、アステカ人たちはコルテスをケツァルコアトルの再来と思い込み、受け入れてしまったという説もあるのです。※1

→「エルナン・コルテス」

こ

こいんちょこ【コインチョコ】

金紙におおわれたコイン型のチョコレート。世界各地にみられ、台湾のホテルなどでは、よくサービスとしてフロントや客室に置いてあります。日本では『コインチョコレート』という名称は、ロック製菓の登録商標となっています。

こうさんかさよう【抗酸化作用】

カカオポリフェノールには、抗酸化作用があります。そのため、チョコレートには、動脈硬化の予防やアンチエイジング、ストレス対策に効果があるといわれています。
→「ポリフェノール」

こうすい【香水 perfume】

チョコレートの甘い香りを模した香水が、いろいろな化粧品、香水メーカーにより製造されています。美味しそうな香りを身にまとうと、つけている自分にうっとりしてしまいそうですよ。

こうちゃ【紅茶】

茶葉の種類やブレンドによって風味や個性は異なりますが、繊細な味のチョコレートを味わいたいときには、クセのないタイプの紅茶と一緒にいただくと、チョコレート本来の味を楽しめます。チョコレートフレーバーの紅茶もあり、ミルクティーにしたり、ミルクで煮出すと、デザートドリンクのような味わいになります。紅茶の茶葉を細かく砕いて練り込んだボンボンもあり、独特の食感と香りが堪能できます。

こうねんきしょうがい【更年期障害】

カカオポリフェノールには、更年期障害の改善に役立つインスリン様成長因子を増やす作用があるともいわれています。だからといって一度にたくさんとればいいというものではなく、毎日一定量の高カカオチョコレートを食べるのがポイントだそうです。※10

こえだ【小枝】

小枝の形をした森永製菓のチョコレート菓子。1971年の発売当時は、チョコレートとカシューナッツの組み合わせでしたが、1978年に現在のようなチョコレートとアーモンドの組み合わせになりました。

コーティング【coating】

ケーキ全体をチョコレートやクリームなどで覆いかぶせること。カバーリングと同じ意味。ボンボンショコラやプラリネと呼ばれるタイプのフィリング部分であるガナッシュをチョコレートで覆うこともいいます。

コーティングチョコレート

【coating chocolate】

→「パータ・グラッセ」

コートドール【Côte-d' Or】

1883年発売のベルギーチョコレートブランド。1965年にはベルギー王室御用達の名誉を獲得しました。象がトレードマークです。濃厚なカカオを感じられるチョコレートにこだわり続けています。

コーヒー【coffee】

ヨーロッパのカフェでコーヒーを注文すると、チョコレートが添えられてくることがあります。食べてみるとチョコレートとコーヒーは本当によく合います。チョコレートフレーバーをつけたコーヒーもありますが、こちらはミルクをたっぷり入れていただくと甘みが感じられて美味しいものです。コーヒー豆をチョコレートでコーティングしたお菓子もあり、ポリポリした食感と苦味がクセになります。

コーヒーハウス【coffee house】

1650年、イギリスで最初のコーヒーハウスがオックスフォードに開店、1652年にはロンドンにも開店しました。コーヒーハウスは、お酒は出さずに、コーヒーやタバコ、そしてチョコレートを楽しみながら、新聞や雑誌を読んだり、客同士で政治や世間話を語り合う場として発展。イギリス民主主義の意識を育む重要な空間となったといわれています。

→「チョコレートハウス」

ここあ【ココア】

カカオパウダーをお湯で溶かして、砂糖やミルクを混ぜた飲み物のこと。カカオパウダーそのものを指す場合もあります。粉乳や砂糖が混ぜられものは、調整ココアとして売られています。

ココア【cocoa】

カカオパウダーともいう。カカオマスを圧搾して、油脂分のカカオバターをとったときに残った固形分（カカオセック）を細かい粒にしたもの。ココアの中にも、脂肪分は11〜24％あります。フランス語ではカカオ・アン・プードル。
→「バンホーテン」「四大発明」「カカオパウダー」「カカオセック」

ゴディバ【GODIVA】

ベルギーのブリュッセルで1926年に創業したショコラティエ。高級チョコレートの代名詞ともいえるゴディバは、バブル期に青春を過ごした世代にとっては、バレンタインの本命チョコといえば、ゴディバの美しい粒チョコでした。

コポー【copeaux】

製菓用のブロックチョコレートか板チョコレートを削って木屑のように仕上げたもののこと。デコレーションなどに使います。

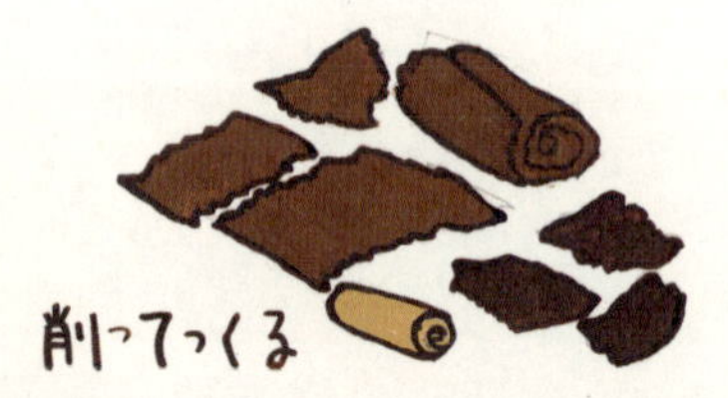

コレステロール【cholesterol】

チョコレートに含まれるカカオポリフェノールには、善玉コレステロールを増やし、悪玉コレステロールの酸化を抑える働きがあるため、コレステロールのバランスを整えることができると考えられています。

コロンブス【Chistopher Columbus】

1451-1506年。ジェノバ生まれの探検家。新大陸発見者として知られるコロンブスですが、1502年ヨーロッパ人の中でも、いち早くカカオ豆と出合っていました。息子のフェルディナンドは、グアナハ島海岸でカカオ豆を積んだカヌーに遭遇し、現地の人々がカカオ豆をとても大事にしていることや、貨幣として使われていることについて記録を残しています。しかしせっかくカカオ豆を見つけたものの、口にすることはなかったそう。もったいないですね。
→「グアナハ」

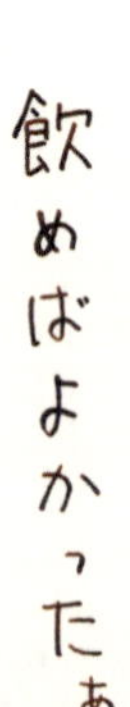

コルネ

1.【corne】
チョコレートクリームを渦巻状にくるんだ菓子パンのこと。
→「チョココルネ」
2.【cornet】
溶かしたチョコレートやアイシングなどを絞り出すために使う道具。文字や絵を描いたり細かいデコレーションをするときに便利。オーブンペーパーで簡単に作れます。

コルネの作り方

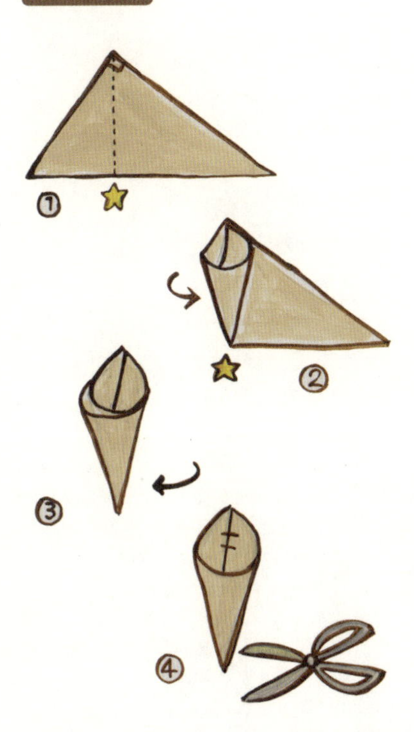

1.オーブンペーパーを直角三角形に切る。
2.☆の部分が絞り出し口になるよう、端を頂点に合わせる。
3.もう片方も頂点に合わせて、重なった部分をホチキスなどで留める。
4.中身を詰めたら、好みの太さになるように、口を切って完成!

ゴンチャロフ【Goncharoff】

ロシア革命により祖国を後にし、神戸にやってきたロマノフ王朝の菓子職人マカロフ・ゴンチャロフが1923年創業。宮廷職人がつくりだす、美しくおいしいチョコレートは、日本人にとって衝撃でした。日本ではじめてウイスキーボンボンをつくったといわれているメーカーです。
→「ウイスキーボンボン」

Goncharoff

コンチング【conching】

チョコレートの製造工程のひとつで、微粒化したチョコレートをさらに練り上げることで、なめらかな口溶けと香りを引き出します。コンチングする撹拌機はコンチェ、あるいはコンチングマシンと呼びます。コンチングの製法は、1879年ロドルフ・リンツにより発明され、これにより、それまでザラリとしていた舌ざわりがなめらかなものへと進化しました。コンチングにかける時間は、カカオ豆の品種や配合する材料や、メーカー、ショコラティエによって異なり、2〜3時間のところもあれば、3日かけるところもあります。ちなみに、撹拌機がコンチェという名前になったのは、初期の機械が巻貝(コンチェ)のような形をしていたからといわれていますが、ローラーが前後に滑るところがゆるいU字型をしていて、二枚貝の貝殻の形に似ているところからきているという説もあります。
→「リンツ」「ロドルフ・リンツ」「四大発明」

知ってるとプロっぽい?

専門家に見える略語、お教えします

**どんな業界にも仲間内だけに通じる専門用語や符丁などがあります。
チョコレートメーカー社内にもおもしろい略語がいろいろあります。
まあ部外者が知って得するわけでもないけれど、知ってると通っぽいかも?**

【ミルチ】

『明治ミルクチョコレート』の愛称。株式会社明治の社内で、いつの間にかこう呼ばれるようになったそうです。いまでは公式サイトでも紹介されている呼び名ですが、以前はミルチと聞いて、きょとんとする新入社員も多かったとか。

【きのたけ】

株式会社 明治の社内では、『きのこの山』と『たけのこの里』をセットで「きのたけ」と呼ぶこともあるそうです(社内ではこの2つはセットで呼ばれている模様)。

→「きのこの山」

【クロチョコ】

チロルチョコ株式会社の社内では、カカオマスの入ったチョコレートを「クロチョコ」と呼んで、ホワイトチョコレートやカラーチョコと区別しています。

【マス】

森永製菓株式会社の工場では、カカオマスのことを「マス」と呼び、「カカオマス成分○%」というとき、「マス分○%」というそう。プロっぽいです。

【Po、Gカプ、Aピーク】

江崎グリコ株式会社では、ポッキーのことを「Po」、ジャイアントカプリコのことを「Gカプ」、アーモンドピークのことを「Aピーク」と表現することがあるそうです。

SABLE
CHOCOLAT

さくさんはっこう／にゅうさんはっこう

【酢酸発酵／乳酸発酵】

「アルコール発酵」が終わったカカオ豆を何度も混ぜて、酸素を送り込みます。さらに発酵が進むと、酢酸菌や乳酸菌が活発に働き、アルコールが酢酸に変わります。糖分、アルコール、酢酸が豆に浸透して、最終的にアミノ酸などの成分が増えていきます。これが発酵の第二段階、「酢酸発酵／乳酸発酵」です。

→「アルコール発酵」「発酵」

ザッハトルテ 【sachertorte】

オーストリアを代表するチョコレートケーキ。1832年にフランツ・ザッハがつくったといわれています。アンズのジャムを塗り重ねたスポンジケーキを、チョコレートをからめたフォンダン（クリーム状にした糖衣のこと）でコーティングしたもので、砂糖を加えていない生クリームを添えて食べます。エリザベス皇后の好物としても有名です。

→「エリザベート皇后」

さとう 【砂糖】

カカオと砂糖は切り離すことができない、甘～い関係です。砂糖の登場により、それまで苦さが際立っていたチョコレートドリンクが、甘い飲み物としてヨーロッパに広まります。また、イギリスのフライ社は、カカオマスにカカオバターを添加することで、砂糖を練り込みやすくなり、甘くておいしい固形の食べるチョコレートをつくり出すことができたのです。健康や環境にこだわったオーガニックシュガーやアガペシロップなどを使ったチョコレートも数多く登場しています。

→「ジョゼフ・ストアーズ・フライ」

サブレ 【sablé】

バター、小麦粉、砂糖、牛乳でつくるサクサクした食感のクッキーのこと。チョコレートやココアを生地に練り込んだものをサブレショコラと呼びます。

ざやく 【座薬】

カカオバターは、常温で保存できて、体温で融けるという特性があるため、座薬の基剤として使われています。

→「カカオバター」

さゆ 【白湯】

チョコレートのテイスティングをするときに、合間に飲むのは白湯がベスト。食べたチョコレートの味が洗い流され、味覚がリセットされます。冷たい飲み物だと口の中の温度が下がってしまって、チョコレートの口溶けがスムーズにいきませんし、前のチョコレートの味が残ってしまいます。テイスティングには、白湯かクセのない薄めの紅茶、または常温の水などを用意しましょう。

→「コラム:チョコレートテイスティングセミナーを体験してきました」

サントメ島【São Tomé Islañd】

アフリカ、ギニア湾岸にある小さな島。土地が肥沃でカカオ栽培に適しているため、チョコレートアイランドとも呼ばれています。カカオ以外にも、コーヒー、コプラなどの穀物栽培が行われています。

シェルチョコレート【shellchocolate】

チョコレートをモールドに流し込んで、殻（シェル）をつくり、中にクリームやジャム、ナッツ、フルーツなどを入れて、チョコレートで蓋をしたもの。ちなみに、貝殻（シェル）の形をしたチョコレートは、シーシェルチョコレートと呼ばれます。

シガレットチョコレート

【chocolate cigarettes】

タバコの形をしたチョコレート。葉巻型もあります。世の中が禁煙傾向にあるためか、日本のメーカーでは現在はつくられなくなっています。シガレットチョコレートにはもうひとつの意味があり、テンパリングしたチョコレートを天板に薄く塗り広げ、1度冷却してから、パレットでクルクルと巻き上げてシガレットのような形をつくったものを指します。ケーキの飾りなどに用います。

しつど【湿度】

じつはチョコレートは湿度に弱いのです。水分が混じってしまうと、なめらかな口溶けがなくなり、ボソボソとした食感になってしまいます。

じどうはんばいき【自動販売機】

『明治ミルクチョコレート』は、『ミルクキャラメル』、『チョコレートキャラメル』とともに、1931年日本初の菓子自動販売機で販売され、人気の的となりました。設置されたのは当時の東京市内省線（現在のJR）の各駅でした。

し

ジビエ【gibier】

狩猟により捕獲された野生の動物の肉のこと。ジビエ料理は畜産の肉に較べてクセが強いといわれていますが、チョコレートとの相性は抜群。チョコレートソースと組み合わせることで、マイルドでコクのある味わいになります。そういえば、アステカでは、カカオ豆は人の心臓、カカオからつくられた飲み物は人の血を象徴していたとか。血とチョコレートの関わりは奥深いですね。

ジャン・エティエンヌ・リオタール
【Jean-Étienne Liotard】

1702-1789年。スイス生まれの画家で、彼の描いた『チョコレートを運ぶ娘』はもっとも有名なチョコレートの絵画ではないでしょうか。ほかにも、チョコレートを飲む若い婦人像や幼いマリーアントワネットの肖像画も描いています。
→「絵画」

シャンティイ・オ・ショコラ
【chantilly au chocolat】

チョコレート入りのホイップクリームのこと。フランス語でホイップクリームのことをクレームシャンティイと呼びますが、これはフランスのシャンティイ城の料理人だったフランソワ・ヴァテールが生クリームに砂糖を入れて泡だてることを発明したことに由来するそうです。

ジャンドゥーヤ【gianduja】

ローストしたヘーゼルナッツのペースト(アーモンドや、まれにクルミが入ることもある)とチョコレート、砂糖、カカオバターを混ぜ合わせたもの。ナッツの香り高い、コクのある、なめらかなチョコレートのひとつ。ボンボンショコラの中身など、製菓材料としても使われます。戦時中のカカオ入手が難しかった時代、イタリアでは豊富に採れるヘーゼルナッツを混ぜ込んで代用していたことがはじまりといわれています。
→「カファレル」

ジャン・ノイハウス【Jean Neuhaus】

ベルギーのチョコレート専門店ノイハウスの3代目。1912年、ナッツ類に飴をからませ、ペースト状にしたフィリングをチョコレートでコーティングしたプラリーヌを売り出しました。また、量り売りチョコレートをいれる箱「バロタン」は、バレリーナでもあった彼の妻ルイーズが考え出したそうです。
→「ノイハウス」「バロタン」「プラリネ」「ショワズール・プララン公爵」

シャンパン【champagne】

シャンパンとチョコレートの組み合わせは、フランスではとてもポピュラー。ドリンクはシャンパンのみ、おつまみはチョコレートのみというホームパーティもパリではよくあるそうです。シャンパンは、チョコレートと一緒に飲むだけではなく、ボンボンをつくるときの材料として使われることもあります。こちらは大人の味のチョコレートになります。

しゅうかく【収穫】

カカオ豆は、1年に2回のサイクルで花が咲き、果実も年に2回収穫できます。1本の木で、5000〜15000個の花が咲きますが、実を結ぶのは70〜300個。花が咲いてから成熟した果実になるまでには約5〜6ヶ月かかり、収穫できるのは20〜50個ほどです。

シュウ酸【oxalic acid】

シュウ酸はほうれん草に含まれる成分で、大量に摂りすぎると結石の原因になるといわれていますが、じつはチョコレートにも含まれています。気になる方は、ミルクといっしょに摂ったり、量を加減して食べたほうがいいかもしれませんね。

しゅうどうじょ【修道女】

メキシコで布教活動を進めるキリスト教の修道女たちは、ジョゼフ・フライによって、固形の食べるチョコレートが発明される以前から、チョコレートを使ったお菓子をつくっていたと考えられています。そして、そのチョコレートのお菓子を販売することによってひと財産を築いたとも。

シュガーブルーム【sugar bloom】

チョコレートの表面に白い斑点ができてしまう現象。チョコレートを冷蔵庫など低い温度の場所から暖かい場所に出すと、急激な温度変化で表面に水滴がついてしまいます。この水滴がチョコレートの砂糖を吸着し、水分が蒸発したあと、砂糖だけが再結晶化して斑点になってしまうのです。

→「ブルーム現象」

シュプルングリー一族
【Sprüngli Family】

スイスのチョコレートの初期の歴史を三代にわたり築いた一族。父のダフィートは、1836年にチューリッヒ郊外に小さなコンフィズリー（チョコレート菓子や砂糖菓子の専門店）を開業、1845年からチョコレートの製造を始め、息子ルドルフが店を継ぎます。ルドルフの長男のヨハンがチョコレート製造業の後継者となり、経営を拡大。コンチング技術を発明したロドルフ・リンツの工場と製法を買い取り、社名を「リンツ&シュプルングリーチョコレート株式会社」に改名し、世界的に有名なリンツの礎を築きました。次男のダフィート・ロベルトはコンフィズリー業を継ぎ、現在でも「コンフィズリーシュプルングリー社」はスイスで菓子店を営んでいます。

→「リンツ」「ロドルフ・リンツ」

し

『100% ChocolateCafe.』で知る

産地による味の違い

こだわりのあるメーカーやショコラティエでは「○○産カカオ○%」という表示がされたチョコレートが売られています。カカオの産地によって、チョコレートの味はどれだけ違ってくるのでしょうか。22種類の産地別シングルビーンチョコレートを揃えているカフェ、『100%ChocolateCafe.』で話を聞いてみました。

カカオマスの味の決め手は?

チョコレートの原料となるのはカカオマス。その味を決めるのには3つのポイントがあるそうです。①カカオ豆の品種。②土壌、つまり産地。同じ品種でも、土壌の持つ成分によってカカオ豆の味は変わってきます。③産地での発酵具合。これは、発酵によって、香りの前駆物質ができるからだそうです。前駆物質自体に香りはありませんが、日本に到着してからの焙煎で香りが引き出されるのです。

発酵にかける日数や混ぜ方によって、味は大きく変化します。しかも、発酵は、空気中やバナナの葉、発酵用の箱についた菌など、どこにでもある常在菌によって変わってくるので、当然ながら産地によって味が違ってくるというわけなのです。

さらに、品種も産地も同じカカオ豆でも、ローストの方法、カカオマスとカカオバター、砂糖の配合率、コンチングにかける時間などでもチョコレートの味は大きく違ってきます。

『100%ChocolateCafe.』のシングルビーンのチョコレートは、そのカカオ豆の個性と魅力が引き出されるよう独自の視点で研究してつくられたもの。他のショコラティエでは、また別の視点から別の個性を引き出すかもしれません。ですからここに表した産地別の味は『100%ChocolateCafe.』が引き出した個性なのです。

チョコレートの個性は本当に奥が深い!

『100%ChocolateCafe.』ってこんな所!

産地による味の違いについて教えていただいた『100%ChocolateCafe.』は、株式会社 明治のアンテナショップです。

チョコレート好きが集うカフェ

東京メトロの京橋駅から徒歩1分、株式会社 明治の本社ビルの1階にある『100%ChocolateCafe.』。女性客が多いのでは? と勝手に思い込んでいましたが、意外にも男性客も多いのです。しかも、しっかりオリジナルチョコレートスイーツも注文しているご様子。ここでぜひ飲み較べていただきたいのが、「3種のテイスティングショコラドリンク」。チョコレートの味の違いが、ドリンクだとわかりやすいそうです。寒い季節はホット、暑い季節はアイスになります。

(左)100%ChocolateCafe.の店内の天井に注目! なんと板チョコを模したデザインをしています。(右)おすすめのメニューは、毎朝店舗で仕込んでつくっている「チョコロネ」。オーダー時に好きなクリームを選んで、その場で中身を詰めてもらいます。

【京橋本店】東京都中央区京橋2-4-16
明治京橋ビル1F
TEL:03-3273-3184

産地ごとの味の特徴

『100%ChocolateCafe.』の
シングルビーンのチョコレートは22種類。
カカオの産地の違いを純粋に比較できるよう、
すべての種類が同じ配合(カカオ分62%)で
仕上げられています。

シングルビーンだけではなく、ヨーロッパ、日本など土地の特色を生かした味や、チョコレートの歩んだ歴史を伝えてくれる味など、合わせて56種類のチョコレートが揃っています。

Africa

コートジボアール

柔らかな苦味でバランスのよい味。ピーナッツのような香ばしい余韻。

ウガンダ

程よい苦味と酸味のバランスで、上質な紅茶のような甘い香りが魅力。

ガーナ

心地よい苦渋みと香ばしさのバランスが抜群のスタンダード。輸入されるカカオ豆の70%を占める。

タンザニア

ドライフルーツや赤ワインのような香りと酸味が特徴。コクがあり爽やかな後味。

マダガスカル

爽やかな酸味と果実や花のような香りが折り重なる、華やかで女性的な香り。

サントメ

力強い酸味の後に、心地よい苦渋みがあり、果実やハーブのような香りが重なる重厚な味。

Hawaii

ハワイ

フルーツのような酸味と爽やかな香りが広がる、バランスのよいカカオ感が特徴。

チョコレートドリンクだと
味の個性もいっそうわかる

Caribbean

ドミニカ共和国

ローストナッツのような焙煎香と濃厚なコク、バランスのよい苦渋みと酸味。

トリニダードトバゴ

ナッツ、コーヒー、レーズンなど香りが広がる、バランスのとれた味。

グレナダ

やわらかな酸味と苦味が広がり、木の皮や葉巻のようなかすかな香りが男性的。

SoutheastAsia

ジャワ

香酢のような酸味、カラメルのような甘い香りが広がる心地よい苦みと渋み。

バリ

ナッツのような香ばしさとコクのある味わい。余韻にかすかな苦みが広がる。

スラベシ

程よい苦みの中に黒糖のようコク、ナッツやコーヒーのような香りが特徴。

Latin America

チュアオ

果実、花、ワインのような艶やかで甘い香りと爽やかな酸味の芳醇な味。

メキシコ

すっきりした酸味と力強い苦味と渋み。果皮のような風味とまろやかな香ばしさ。

ペルー

花のような華やかな香りとワインビネガーのような酸味とコクのある味。

スルデラゴ

ローストナッツのような焙煎香と濃厚なコク。苦味、渋み、酸味のバランスが絶妙。

エクアドル

アリバ種独特の花のような香り。ジャスミンのような香りに苦渋みのアクセント。

コロンビア

ワインのような濃厚な香りと果実感のある酸味。後からくる苦みと渋みがアクセント。

ベネズエラアンデス

程よい苦味とナッツのような香ばしさの後、華やかな香りと心地よい渋みが広がる。

コスタリカ

ナッツやコーヒーのような香ばしいアロマが広がる、コクのある味。

ブラジル

赤い果実のような甘い香り。ドライフルーツのような酸味とコクのある味。

し

しょうぎ【将棋】

将棋の棋士は甘い物がお好きなようです。将棋連盟の公式サイトでは、タイトル戦のときの食事とおやつが紹介されていますが、チョコレートケーキもしばしば登場。「1分将棋の神様」と呼ばれる棋士の加藤一二三さんは、毎日2枚板チョコを食べ、対局中に10枚食べたこともあるそうです。ちなみにお気に入りは明治のチョコレートだとか。頭をいっぱい使うと、やっぱり食べたくなるのでしょうね。

しょくらあと【しょくらあと】

1797年(寛政9年)、当時日本は鎖国をしていて、外国(オランダと中国)との交易の窓口は長崎だけでした。その長崎にある遊女町として知られていた丸山町・寄合町の記録『寄合町諸事書上控帳』にチョコレートに関する記録が残されています。オランダ人が帰国する時に、遊女大和路がもらい受けた物として届け出た品物のなかに「しょくらあと 六つ」とあり、これが日本の史料の中に登場した最初のチョコレートです。六つと数えていますが、不思議なことにジョゼフ・フライによって固形の食べるチョコレートが発明される1847年よりも50年も前のこと。じつは、食べるチョコレート誕生以前に、溶かして飲むために固められたチョコレートがつくられていたのです。「しょくらあと」とは、その飲用チョコレートのことだったようです。3年後の1800年(寛政12年)、廣川獬によって書かれた『長崎県聞録』には、「オランダ人の持ってきた滋養強壮の薬で、なにでできているか分からないけれど、熱湯に削り入れて、卵一個と砂糖を入れて、お茶のように飲む」(著者意訳)という内容が記されています。やはり、「しょくらあと」は飲むチョコレートですね。※6

しょくもつせんい【食物繊維】

カカオマスの成分のなんと約17%が食物繊維。カカオ豆には、4種類の食物繊維が含まれていて、なかでも整腸作用がある成分リグニンが52.9%を占めます。そのため、チョコレートは便秘によい、といわれることもあります。

ショコラ【chocolat】

フランス語でチョコレートのこと。
→「チョコレート」

CHOCOLATE

ショコラーデ【schokoladc】

ドイツ語でチョコレートのこと。
→「チョコレート」

SCHOKOLADE

ショコラーデ【chocolade】

オランダ語でチョコレートのこと。
→「チョコレート」

CHOCOLADE

ショコラショー【chocolat chaud】

フランス語でホットチョコレートのこと。
→「チョコレートドリンク」

ショコラティエ【chocolatier】

チョコレート専門の職人、チョコレート専門店のこと。フランス語ですが日本でも定着しました。フランス語では女性の職人のことは、女性形のショコラティエール（chocolatière）と呼びます。

ショコラトリー【chocolaterie】

フランス語でチョコレート専門店のこと。

チョコレート専門店

し

ショコラブラン【chocolat blanc】

フランス語でホワイトチョコレートのこと。
→「ホワイトチョコレート」

ジョゼフ・ストアーズ・フライ
【Joseph Storrs Fry】

1826-1913年。チョコレート製造会社J.S.フライ・アンド・サンズ社の4代目。彼の指揮のもと、フライ社は1847年、固いカカオマスにカカオバターを添加することで、砂糖を練り込みやすくし、甘くておいしい固形の食べるチョコレートをつくる方法を開発しました。これは、チョコレートの四大発明のひとつです。つくられた板チョコはフランス語で「美味しい食べるチョコレート」を意味する『ショコラ・デリシュー・ア・マンジェ』という名前をつけられ、1849年に発売されました。
→「四大発明」

チョコレートに関わる新しい仕事

ショコラコーディネーター® とは何をする人?

ショコラコーディネーター、実はこの肩書を持つ人は世界に1人しかいません。市川歩美さんです。市川さんは、もともと放送局のディレクターとして活躍していましたが、チョコレートについての豊富な知識が評判となり、テレビやラジオ、雑誌、ウェブでチョコレート専門のジャーナリストとして活動するようになりました。さらに、持ち前のバイタリティをチョコレート業界でも発揮。取材で知り合ったチョコレート業界の志の高い人同士を結びつけてコラボレーションを企画したり、百貨店で有名ショコラティエとトークショーや試食会を開催、大手酒類メーカーからの依頼を受け、洋酒に合うチョコレートを提案することも。チョコレートブランドの商品開発など、クリエイティブコンサルタントとしての依頼も受けるようになりました。また、チョコレートに関わるテレビドラマや、番組のコーディネート・監修など、チョコレートに関係する多様な仕事をしています。そんな仕事ぶりを見て周囲から、オリジナルの肩書をつけては? と提案され、生まれたのがショコラコーディネーターという言葉。

「私にチョコレートの文化的、芸術的な魅力を気付かせてくれたのは、フランスのボンボンショコラ。ですから、フランス語のショコラと英語のコーディネーターを組み合わせました」。

既存の資格や職業ではなく、市川さんのチョコレートへの情熱と活躍により「ショコラコーディネーター」という新しい仕事が誕生したのですね。

ショコラコーディネーターの1日

ショコラコーディネーターの
多忙な仕事ぶりをのぞいてみました。

カカオ97%の日

※市川さんは1日の中でチョコレートが占める割合をカカオの%で表現することがあります。

9:30 起床
10:00 朝のショコラ試食タイム(ボンボンショコラ8種&タブレット2種)
10:45 雑誌の原稿執筆

この時間がチョコレート以外の3%です!

12:00 サラダをパパッとつくってランチ
13:00 世界的なチョコレートイベントのオフィシャルサイト向けにチョコレートブランドAを取材
14:30 チョコレートブランドBの新作発表会に参加
15:30 チョコレートブランドCのカフェで雑誌のチョコレート特集の撮影
17:00 チョコレートブランドDの来日中のショコラティエD氏へのインタビュー
18:30 ショコラティエD氏に誘われ、ディナーへ(原稿書かなくては! と思いつつ、元気に"ぜひ~"とお返事。チョコレートについて活発な情報交換ができ、とても有意義な時間)
21:30 帰宅
22:00 チョコレート関係者、メディアの方々からの膨大なメールに返信。SNS投稿、プレスリリースのチェック、明朝出演のラジオ番組の打ち合わせなど
1:00 ショコラティエE氏と電話(夜型な人同士)
2:00 ようやくお風呂
3:00 さらにメールが来ていたので、返信し、就寝

いちかわ・あゆみ【市川歩美】

ショコラコーディネーター®、チョコレートジャーナリスト。子どもの頃から、チョコレートが大好き。1990年代にフランスのボンボンショコラに出会い、チョコレートの奥深さに魅了されてからは、当時日本ではあまり知られていない高級ショコラを入手し、食べながら見識を深めていった。年間チョコレート試食数は約2000種類。All Aboutチョコレートガイド。公式サイトは http://www.chocolatlovers.net
※「ショコラコーディネーター®」は、商標登録されています。

ショパン【Frédéric François Chopin】

1810～1849年。「ピアノの詩人」と呼ばれる天才作曲家。ショパンの創作活動を支えたエナジードリンクは、フランス人女流作家のジョルジュ・サンドお手製のホットチョコレートでした。ショパンの才能にほれこんだ彼女は、繊細で病弱な恋人のために滋養のあるホットチョコレートをつくってあげていたそうです。

ショワズール・プララン公爵

【César Gabriel de Choiseul, duc de Praslin】

1712～1785年。フランスの貴族で軍人、たいへんな美食家でした。プララン公爵付きの料理人が考案した、ナッツ類と砂糖を加熱してキャラメル化させたお菓子に命名されたのがプラリネ。これをペースト状にしてチョコレートでコーティングしたものが、ジャン・ノイハウスが開発した「プラリーヌ」です。

→「プラリーヌ」
「プラリネ」

しろいこいびと【白い恋人】

ラングドシャというクッキーでチョコレートをサンドしたお菓子で、北海道のおみやげの定番。白い恋人の四角い缶は、つくりがしっかりしているからか、レトロな雰囲気が魅力なのか、おしゃれなフリーマーケットにいくと、なぜかこれを金庫代わりとして使っている人が多いのです。

しろいこいびとぱーく【白い恋人パーク】

北海道札幌市にあるお菓子のテーマパーク。チョコレート菓子の『白い恋人』の工場見学や、19世紀のイギリスのチョコレート工場の様子をジオラマで再現したチョコタイムトンネル、チョコレートカップコレクション、昔のチョコレートのパッケージの展示などを見ることができます。冬のイルミネーションが美しいことでも有名なデートスポットです。

→「石屋製菓」「白い恋人」

画像提供／石屋製菓

し

シングルオリジン／シングルエステート

【single origin/single estate】

シングルオリジンは、特定の国で生産されたカカオ豆だけからつくられたチョコレートのこと。ワインにたとえるなら、「フランス産ワイン」。シングルエステートは、特定の地域で生産されたカカオだけからつくられたチョコレートのこと。ワインにたとえるなら、「ボルドー産ワイン」。

シングルビーン【single beans】

単一品種のカカオ豆のこと。シングルビーンのチョコレートという場合は、単一品種のカカオ豆でつくられたチョコレートを指します。ワインにたとえるなら、たとえば「カベルネ・ソービニヨン100%」というようなものでしょうか。一方、一般のチョコレートのほとんどは、複数のカカオ豆をブレンドしてつくられています。

スイートチョコレート

【sweet chocolate】

スイートという名前ですが、「甘いチョコレート」ではなく、「ビターチョコレート」です。乳製品が入らないカカオマス40〜60%のチョコレートのことを指します。日本ではカカオ含有率が低めのタイプの「ビターチョコレート」をこのように呼ぶことが多いようです。

ステアリン酸【stearic acid】

カカオバターの脂肪分の約1/3はステアリン酸。飽和脂肪酸ですが、血中のコレステロールを中性にする作用があります。

すてぃっくがたみきさー

【スティック型ミキサー】

ガナッシュを混ぜるときなど泡立て器の代わりに使うと、なめらかに乳化します。また、チョコレートドリンクをスティック型ミキサーで混ぜると、驚くほどなめらかな舌触りになります。

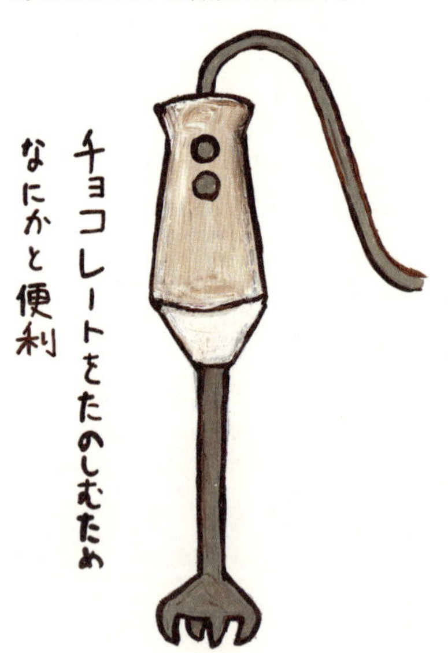

ストレス【stress】

ストレスを感じたときに、チョコレートをひと粒食べるとスイッチが切り替わったような気分になったことはありませんか。これは、美味しいからというだけでなく、チョコレートに豊富に含まれているギャバやテオブロミン、カカオポリフェノールなど、ストレスを軽減する成分のおかげかもしれません。

→「ギャバ」「テオブロミン」「ポリフェノール」

すりーでぃーぷりんたー

【3Dプリンター】

平面に印刷するのが一般的なプリンターですが、コンピューターでつくったデータに基づいて、立体を造形するのが3Dプリンターです。チョコレート製造の世界にも、この3Dプリンターが進出しつつあります。イギリスのプリンターメーカーの創業者が、自社製品の性能の良さを示すために、3Dプリンターを使って、MRIでスキャンした自分の脳をモデルに型をとって脳型チョコレートをつくり、自分の脳型チョコレートを食べたそうです。

3Dプリンターで
脳型チョコ

すらいすなまちょこれーと

【スライス生チョコレート】

株式会社ブルボンから発売されている、厚さ2mmのシート型のチョコレート。色以外はスライスチーズのような見た目です。パンにのせたり、クラッカーで挟んだり、巻いたり、包んだり、型抜きしたりといろいろ気軽に使えるのに、味はしっかり本格的なチョコレートです。

せきどう【赤道】

カカオ栽培が可能な土地は、赤道をはさんで北緯南緯20度前後までといわれています。たしかに、P.34の地図上で見るとカカオの産地は赤道付近に集中していますね。

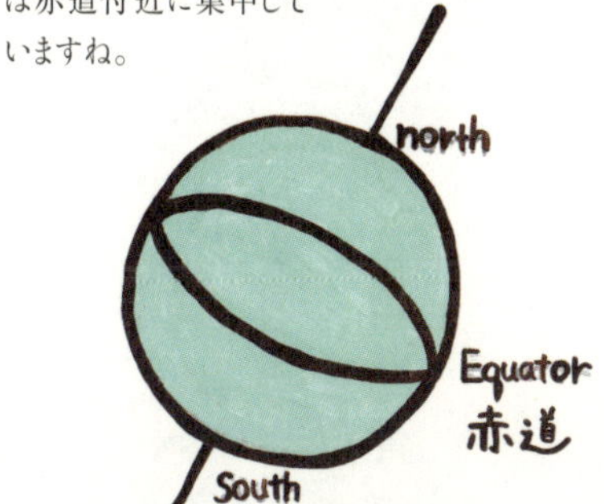

セロトニン【serotonin】

脳内の神経伝達物質で、気分を調節する働きがあります。チョコレートには、このセロトニンの原料となるトリプトファンが含まれているため、食べると脳内のセロトニンが増え、落ち込んだ気分が軽くなったり、落ち着いたりするといわれています。

ゾッター【zotter】

オーストリアのビーントゥバーのチョコレートメーカー。創業者ゾッターさんのモットーはBIO & FAIR。すべての製品で有機の原材料のみを使用し（※）、カカオも砂糖もフェアトレード産品。白砂糖を一切使わず、シングルビーンのハイカカオ製品やヴィーガン対応のもの、ローチョコレートなどが充実しています。
（※EUの有機認証）
→「ビーントゥバー」

ソリッドチョコレート【solid chocolate】

板チョコレートに代表されるような、フィリングのない無垢チョコレート。

そ

ココアとはちょっと違う

チョコレートドリンクのリッチ感

【チョコレートドリンク】

チョコレートをミルクや生クリームで溶かしたもの。チョコレートは、カカオ豆をすり潰したカカオマスに、さらにカカオバターを加えているので、油脂も多く含んでいて、ココアより濃厚な味わいです。

【ココア】

ココアはカカオパウダーと砂糖をお湯やミルクで溶かして混ぜた飲み物。カカオパウダーはカカオマスからカカオバターを取り除き、油脂成分を減らしたものなので、チョコレートよりもあっさりとしています。

＼でも、どっちも美味しい！／

日本では、一般にココアとチョコレートドリンクの区別は曖昧なようで、喫茶店でも、“ココア”を“ホットチョコレート”としてメニューに載せているところも多くみられますが、チョコレートドリンクはケーキ一個食べたくらいリッチな気分になれる飲み物です。どちらかといえばココアはあっさりとして飲みやすく…う〜ん、つまりどちらも美味しいのです！

た

た

たいせいようさんかくぼうえき

【大西洋三角貿易】

ヨーロッパ、西アフリカ、北米および西インド諸島を頂点とする三角貿易のこと。新大陸の発見により、ヨーロッパの国々は、メソアメリカや南米でサトウキビ栽培をはじめ、砂糖を生産して輸入しました。砂糖の需要が増えると、ヨーロッパ各国は、カリブ海諸島を植民地にし、サトウキビやカカオのプランテーション（大規模栽培）を行うようになり、その労働力としてアフリカから奴隷を連れてくるようになりました。新大陸から砂糖やカカオを積んだ船がヨーロッパに、そしてその船にヨーロッパ製の武器や繊維などの工業製品を積んでアフリカに、さらにその積み荷を黒人奴隷と交換して、船に乗せ新大陸に向かう、という構図の大西洋三角貿易が成り立つようになったのです。

→「奴隷」「メソアメリカ」

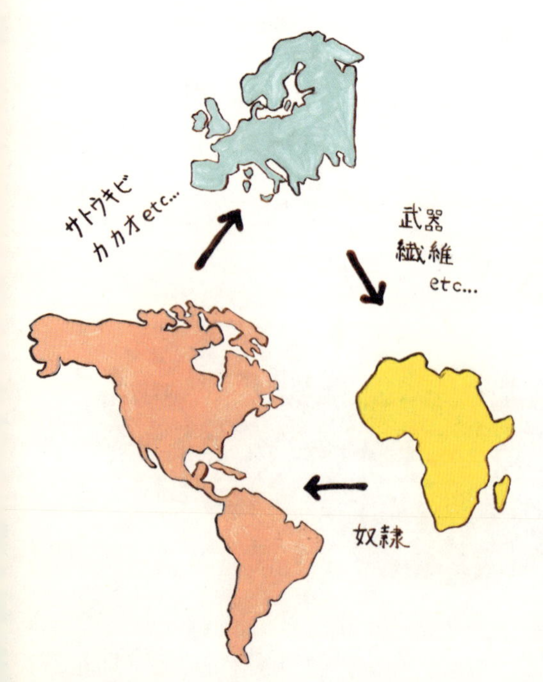

だいとうかかお【大東カカオ】

1924年創業の、歴史ある日本のチョコレート原料専業メーカー。カカオ豆から加工し、カカオマスやカカオバター、カカオパウダー、クーベルチュールチョコレートなど多種多様なチョコレートを製造しています。

だいようちょこれーと【代用チョコレート】

1937年、日本では戦争の拡大とともに、カカオ豆などの輸入制限令が発令され、1940年以降は軍需用以外のチョコレートの生産は禁止され、国内の資源を使った代用チョコレートが考案されました。大量生産には至りませんでしたが、チューリップや百合の球根、ケツメイシ、落花生粕などに植物油脂やバニラを加えてつくられました。終戦後は外国製のチョコレートが入ってきましたがまだまだ高価で、しかもカカオ豆の輸入が途絶えたままの日本のチョコレート業界では、グルコースを主原料とした通称「グルチョコ」がつくられました。

→「グルチョコ」

だいようゆし【代用油脂】

カカオバターの代わりに使われる油脂で、ハードバターとも呼ばれます。成分はメーカーや商品によって異なりますが、パーム油、大豆油、ヤシ油などを混ぜていることが多いようです。

たくあんちょこ
【たくあんチョコ】

山形県のお漬け物と郷土料理の老舗「三奥屋」に、なんと『たくあんチョコレート“夢”』という商品があります。え、あの黄色いたくあんとチョコレート？ とびっくりしますが実は、一般的な黄色いたくあんにチョコレートかけているのではなく、“砂糖漬けした大根”にチョコレートをかけているもの。見た目もシックで上品です。オランジェットのたくあん版？

ダッチング【dutching】

カカオパウダーにアルカリを加えて、酸性が強いカカオを中性に近づけること。アルカリ処理ともよばれます。これにより、酸味の少ないまろやかな飲み心地のココアになります。
→「アルカリ処理」「バンホーテン」

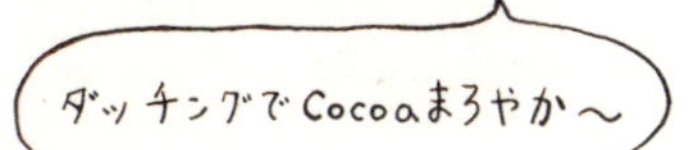

ダニエル・ペーター【Daniel Peter】

1836-1919年。フランス出身で、スイスで家業のロウソク製造を行いながら、チョコレート製造方法に日々試行錯誤していました。粉ミルクを発明したアンリ・ネスレとは友人で、彼の協力もあって1875年にミルクチョコレートが誕生しました。じつはこの人、スイスで初めてチョコレート工場を造ったフランソワ・ルイ・カイエの娘婿でもあるのです。
※1
→「アンリ・ネスレ」「四大発明」「フランソワ・ルイ・カイエ」「ミルクチョコレート」

タブリア【TABLIA】

カカオ豆をペースト状にしてタブレット状に固めたフィリピンの食べ物。お湯で溶かして、お砂糖とミルクを加えてチョコレートドリンクにしたり、お粥に入れておやつとして食べたりするそうです。カカオの粒子がザラッとしていて、独特の舌ざわりがあります。

タブレットチョコレート
【tablette chocolate】

チョコレートを板状にしたもの。チョコレート生地そのものを味わうことができる形のチョコレートです。
→「ソリッドチョコレート」

たまちょこ【玉チョコ】

1899年.森永製菓の前身、森永西洋菓子製造所はシュガークリームの上にチョコレートを薄く覆った『チョコレートクリーム』、通称「玉チョコ」を販売しました。翌年、英語の看板を掲げると、パック米国公使夫人の目に止まり、やがて各国公使の家族や政府高官の間に森永製品の愛好者が増えていきました。

だんじき【断食】

16世紀以降、スペインやフランス、イタリアのようなカトリックの国々では、チョコレートは飲み物なのか食べ物なのかが大きな問題になりました。カトリック教徒には、聖体拝領や四旬節に関わる断食があるのですが、その期間中チョコレートを口にしてよいかどうかが議論の的だったのです。チョコレートの売買に携わっていたイエズス会は、チョコレートは飲み物なので断食のときも口にしてもよい、と主張。禁欲的なドミニコ修道会は反対の意見でした。それから幾度となく論争となりましたが、時の教皇たちは、チョコレートは飲み物だから断食の対象ではない、と答えていたそう。もちろん固形のチョコレートが誕生する前のお話です。

→「イエズス会」「ドミニコ修道会」

チェス【chess】

将棋同様、非常に頭を使うチェス。脳内で消費するエネルギーを補うため、対局中のおやつには、やはりチョコレートがおすすめ? ちなみに、あるホテルではチョコレートでつくったチェスの駒とチェス盤というものがあり、こちらはプレゼントにもぴったりです。

チャンプラード【champurrado】

メキシコのチョコレートドリンク。トウモロコシの粉と黒糖をお湯に溶かしたアトレと呼ばれるドロンとした飲み物に、チョコレートを加えたもの。手軽に栄養を摂れることから、メキシコでは朝食として飲まれることが多いそう。フィリピンにも餅米とチョコレートの「チャンポラード」というお粥があります。

→「チャンポラード」

チャンポラード【champorado】

フィリピンの料理で、炊いた餅米とチョコレートドリンクを合わせたチョコレートの甘いお粥です。フリーズドライしたインスタント食品もつくられていて、気軽に朝食などに食べられています。お米とカカオパウダーとお水をいっしょに煮るだけでつくれます。砂糖を多めに入れるとデザート感が増します。

→「チャンプラード」(飲み物)

ちゅうどく【中毒】

チョコレート中毒、という言葉を聞いたことがありませんか。チョコレートに限らず、嗜好品は一般的に依存性があるそうです。とくに人間は砂糖や油脂を多く含む食品を好む傾向があり、チョコレートはどちらも含んでいます。また、チョコレートの香りやテオブロミンは、脳に刺激を与えて満足感や幸福感、リラックス感を与えてくれるそうですが、やはり過剰に摂るのは避けたほうがいいのでしょうか?

ちょうじゅ【長寿】

歴史上もっとも長生きした人間、ジャンヌ・カルマンさん(1875-1997年。フランス人)は122歳まで生きましたが、大のチョコレート好きで、1週間に約1kgも食べていたそうです。さらに、世界で長寿3番目のサラ・ナウスさん(1880-1999年。アメリカ人)は119歳まで生き、彼女もチョコレートが大好物でした。長寿のトップ3のうち2人がチョコレート好きというのは、ただの偶然? 長生きのためにチョコレート! と正々堂々食べたい気分になります。

ちょこえ【チョコ絵】

デコレートペンやコルネ、爪楊枝などを使用し、チョコレートで描いた絵のこと。クッキングシートがあれば、下絵をトレースすることもできます。ケーキのデコレーションにしても、そのままでももちろんかわいい。
→「デコレートペン」

チョコ絵を描いてみよう!

ここでは、デコレートペンを使った描き方をご紹介します。描く前にデコレートペンの中身を描き易い温度(※)にしておくことがポイントです。

(※パッケージに書かれている指定の温度。目安は50℃くらいです)

～チョコ絵の描き方～

1
クッキングシートに下絵を描く。

2
クッキングシートを裏返し、チョコで輪郭線をなぞる。

3
面積の小さい部分から色ごとに塗る。

4
1枚にくっつくよう、輪郭線までちゃんと塗り潰す。

5
固まったらシートからはがして完成!

ちょこえもん 【チョコえもん】

川崎町観光PRキャラクター
チョコえもん

宮城県川崎町支倉地区出身の支倉常長（はせくらつねなが）をモチーフにしたゆるキャラ。支倉常長が日本人で初めてチョコレートを飲んだという説があることから、このキャラクターが生まれたそうです。常長の本名「六右衛門」（ろくえもん）とチョコをミックスしたネーミングです。犬なのは、常長の肖像に犬が描かれているからで、年齢は400歳以上だとか。

→「支倉常長」

ちょこごはん 【チョコごはん】

ロッテが提案するチョコレートを使った料理の呼び名。

ロッテのサイトでレシピも公開されています。

http://www.lotte.co.jp/products/brand/ghana/gohan/vol1.html

ちょここるね 【チョココルネ】

パン生地を円錐形のコルネ型に巻きつけて焼きあげたものに、チョコレートクリームを詰めたパン。チョコレートを生地で包んでから焼くパン・オ・ショコラなどと違い、チョコレート部分は加熱されていないので、フレッシュなチョコレートの食感を楽しめます。チョココロネとも呼びます。

→「コルネ」

ちょこずきのむし 【チョコ好きの虫】

チョコレートにつく虫は、ノシメマダラメイガ、スジマダラメイガ、コクヌストモドキなどがいます。ノシメマダラメイガは銀紙を食い破るほどの食いしん坊だそうです。毒があるものではないそうですが、気になる人は、開封したら、密封保存して早めに食べる、を心がけましょう。

ちょこばー 【チョコバー】

チョコレートで全面をコーティングした棒状のお菓子のこと。ウエハースがサンドされたものや、キャラメル、ヌガー、ナッツ、シリアルが入ったものなど、たくさんの種類があります。

ちょこびーる 【チョコビール】

チョコビールといっても、チョコレートやカカオ豆を原料に使っているわけではありません。普通は85℃くらいで焙煎する麦芽を、約160℃という高温で焦げる直前まで焙煎し、ほろ苦いチョコレート風味にし、それを原料につくったビールをチョコビールと名づけているそうです。サンクトガーレンという日本のビールメーカーが、バレンタインシーズン限定で販売。フレーバーの種類もいろいろ揃っています。

小さな支援が大きな力に

500円のチョコレートがつなぐ絆

イラク、シリア、福島の子どもたちの命を守る、「チョコ募金」。
子どもにもできる支援のかたち。

劣化ウラン弾が激しく使われたバグダッド近郊の村で白血病にかかった子どもとローカルスタッフです。

ISから解放されたばかりの土地で。ISとイラク軍との戦いで町は破壊されました。2015年末の状態です。

目の手術をした後のサブリーンさん(左)。

チョコ募金って何?

2006年から始まって毎年行われる冬だけの募金キャンペーンです。
こんな活動に使われます。
1.イラクの小児がんの子どもたちの医療支援。
2.シリア難民、イラク国内避難民支援。
3.福島の子どもたちを放射能から守る活動。
主催するのは医師の鎌田實さんを代表とする「日本イラク医療支援ネットワーク(JIM-NET)」。1991年の湾岸戦争以来、イラクで増え続けるがんや白血病の子どもたちの医療支援を行うために、医師や医療支援を行っているNGOが連携して立ち上げたネットワークです。
その活動を支える支援のひとつが「チョコ募金」。2006年から始まり、2011年からは福島の子どもたちを守る活動に、また2012年からはシリア内戦で苦しんでいる妊婦さんの支援にも使われています。

どんな仕組み?

一口500円の募金で小さな缶入りのチョコレートが一つもらえます。
チョコレート一缶の原価(およそ100円)を差し引いた額が支援に当てられます。「募金する」と思うとちょっと気後れしてしまう人も「500円でチョコを買う」という気軽な感覚で参加することができます。

かわいい絵は誰が描いたの?

缶にはかわいい絵が描かれていますが、これはイラクで現在がんと闘っている子どもたちが描いたもの。絵を描いた子どもの写真とミニストーリーも公開されています。
きっかけはイラクのサブリーンという女の子でした。彼女は眼のがんになって片目を失いましたが絵がとても上手で、明るくて楽しい絵をたくさん描きました。それを缶にプリントしたところ大変な評判になりました。
サブリーンさんは残念ながら15歳の時に亡くなってしまいましたが、彼女は自分の絵が他の人の役に立てることの幸せに感謝していたということです。

病気や貧困の中にあってもサブリーンさんが描いた絵は、とびきり明るくて、見る人を幸福な気持ちにしてくれます。どれもチョコレートの缶に使われた絵です。

どんなチョコレート?

チョコレートは北海道の「六花亭」が製造しています。一缶に小さなハート形のチョコレートが10枚(ミルク4個、モカホワイト4個、ホワイト2個)。

チョコ募金には毎年テーマがあります。2015-2016年のテーマは「いのちの花Part2 Chocolate for Peace」でした。パッケージはイラクの子どもたちが手に取って描いたあざみ、金宝樹、ポインセチア、水仙の4種。食べた後の缶は、小さな宝物のケースにして長く楽しめます。

イベント会場やウェブサイトから申し込みができますが、冬季限定なので毎年11月〜1月いっぱいぐらいまでで終了してしまいます。

今年こそ参加したいという人はこちらのサイトを見てみましょう。

http://jim-net.org/choco/

ちょこぼーる【チョコボール】

人気キャラクター、キョロちゃんで知られる森永製菓のお菓子。1965年に『チョコレートボール』の名前で発売、1967年にオリジナルキャラクター「キョロちゃん」が登場し、1969年に『チョコボール』に改名されました。ピーナッツとキャラメルといちごがレギュラーフレーバーですが、季節や時代によって、バナナ、カフェオレなどさまざまなフレーバーも登場します。

チョコラーテ【chocolate】

スペイン語でチョコレートのこと。ヨーロッパで1番早くチョコレートが伝わった国がスペインですが、スペイン語に「チョコラーテ」という言葉が生まれたのは1570～1580年の間と考えられています。そして、チョコレートそのものがほかの国へと伝わるのと一緒に名前もその国の言葉に形を変えて広がっていきました。

→「チョコレート」

CHOCOLATE

チョッコラート【cioccolato】

イタリア語でチョコレートのこと。

→「チョコレート」

CIOCCOLATO

チョコレート【chocolate】

チョコレートという名称で呼ばれるものは、現在、国際規格および日本国内における規格で基準が定められています。粉乳など乳製品を加えた物は、ミルクチョコレートといいます。カカオバターの代わりに植物性油脂や乳化剤を加えることもあります。略してチョコとも呼ばれます。

→「チョコレートの国内における規格」「チョコレートの国際規格」「四大発明」「ミルクチョコレート」

CHOCOLATE

ちょこれーといろ【チョコレート色】

チョコレートのように暗い茶色のこと。18世紀前半の英語の文献では、すでにチョコレートが色名として使われていたそうです。アメリカの画家アルバート・マンセルによって考案された色の色相、明度、彩度によって色彩を表現するマンセル・カラー・システムでは、チョコレート色は「8.8R 2.4/5.2」と決められています。絵具の色名でチョコレートと名付けられているものもありますが、実際のチョコレートより赤みが強いようです。また、チワワやダックスフンドなどの犬のボディカラーで、チョコレートタン（通称チョコタン）、チョコレートクリームと呼ばれるものがあり、この色の犬は人気なのか価格がお高めです。

ちょこれーとうぉーまー

【チョコレートウォーマー】

チョコレート用溶解器、保温器のこと。チョコレート専門店などで、1日に大量のチョコレートを使用する場合、サーモスタット付きの温度設定ができるこの器械に入れておくと、自動的にチョコレートが溶け、一定の温度を保つことができます。乾式タイプは、お湯はりなどの必要がなくチョコレートに水滴が入る心配も不要。

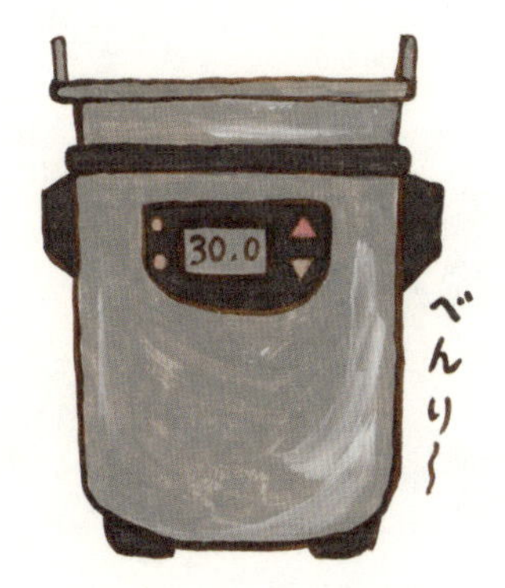

ちょこれーとかっぷ【チョコレートカップ】

チョコレートを飲むためのカップ。カップがソーサーから滑り落ちない工夫がしてあるものもあります。優雅な形で知られているのが、ソーサーに立襟状の輪が付いているマンセリーナタイプ。トランブルーズタイプと呼ばれるものは、カップの底に合わせて窪みがあって、揺れてもこぼれにくい安定感があります。この2種のカップの呼び名と形については、厳密に区別されていないようですが、どちらもチョコレートが王侯貴族のご婦人たちのドレスと汚さないために考え出された贅沢な実用品でした。アンティークのものは、とても貴重です。

→「マンセリーナ」「トランブルーズ」

ち

ちょこれーとけーきいろいろ

【チョコレートケーキいろいろ】

チョコレートを生地やクリームに使ったケーキは、世界中にたくさんあります。フランスでは、「ガトーショコラ」や「オペラ」、クリスマスケーキとして知られる「ブッシュ・ド・ノエル」が有名です。オーストリアなら「ザッハトルテ」。「ジャーマンケーキ」はドイツのケーキではなく、アメリカのサミュエル・ジャーマンが考案したもので、チョコレートのスポンジケーキに生クリームをはさんで、ココナッツフィリングを塗ったケーキ。そのドイツには、有名な「シュヴァルツヴェルダー・キルシュトルテ（黒い森のキルシュケーキ）」があります。日本ではフランス語名の「フォレ・ノワール」でおなじみです。アメリカでは、ほかにも濃厚なチョコレート味で、手でつまんで食べられる「チョコレートブラウニー」や、チョコレートたっぷりで見た目が真っ黒の「デビルズケーキ」もあります。

ちょこれーとこうか【チョコレート効果】

チョコレートに含まれるカカオポリフェノールのパワーに注目してつくられた株式会社 明治のチョコレートで、1998年に発売。インパクトのある名前で、チョコレートは美と健康によい、というイメージがあらためて意識されるようになりました。カカオ含有率72%から95%まである高カカオのシリーズで、一粒あたりのポリフェノールの含有量まで明記されています。

→「ポリフェノール」

ちょこれーとこすもす

【チョコレートコスモス】

「秋桜」と漢字で書く花、コスモスのなかには、色も香りもチョコレートにそっくりのチョコレートコスモスと呼ばれる品種があります。この花、じつはカカオと同じメキシコ生まれ。絶滅寸前だったものを日本の研究者がバイオテクノロジーを駆使して育種に取り組んでいるそうです。※7

チョコレート色の花

ちょこれーとすなっく

【チョコレートスナック】

スナックやビスケットにチョコレートをかけたり、練り込んだりしたチョコレート菓子のこと。つくり方や組み合わせ方によって、種類はいろいろあります。塩気があるものとチョコレートが合体したものは、食べ始めると止まらなくなるものが多いですね。

ちょこれーとすぷれー

【チョコレートスプレー】

細くて短い棒状のチョコレートで、カラフル。トッピングなどデコレーションに使います。

ちょこれーとたると【チョコレートタルト】

サブレの生地の台に、チョコレートを流し入れてつくるお菓子。オーブンでじっくり焼いたものや、生地だけ空焼きし、後からチョコレートクリームを入れるものなど、つくり方はいろいろ。サイズの小さなものは、タルトレットと呼びます。

ちょこれーとどーなつ【チョコレートドーナツ】

生地にチョコレートを練り込んだドーナツやチョコレートを上がけしたドーナツ。ドーナツのなかでも、とくに甘いものです。
『チョコレートドーナツ』というタイトルの映画もあります。

注「コーデックス規格」1962年に国連の専門機関である国連食料農業気候（FAO）と世界保健機構（WHO）が合同で、消費者の健康保護や公正な食品貿易の確保を目的につくった国際的な食品規格のこと。

ちょこれーとどりんく【チョコレートドリンク】

温めたミルクや生クリームにチョコレートを溶かし、好みで砂糖などを加えた飲み物。温かい物は、ホットチョコレート、フランス語でショコラ・ショーと呼ばれます。シナモンやナツメグ、チリペッパーなどのスパイスを加えてもおいしいものです。チョコレートを溶かした後に冷やした物は、アイスチョコレートドリンク、コールドチョコレートドリンクなどと呼ばれます。

ちょこれーとのうほう【チョコレート嚢胞】

卵巣に血が溜まってしまう婦人科系の病症のこと。タール状になった古い血が、溶けたチョコレートのように見えることから、「チョコレート嚢胞」と名付けられたそうです。

ちょこれーとのこくさいきかく【チョコレートの国際規格】（コーデックス規格）

コーデックス規格（注）では、チョコレートは総カカオ固形分35%以上、そのうちカカオバター18%以上、無脂カカオ固形分14%以上を含まなければいけません。チョコレートの原料として使われるクーベルチュールチョコレートについてはさらに厳格な基準があり、総カカオ固形分が35%以上、そのうちカカオバター31%以上、無脂カカオ固形分2.5%以上で、カカオバター以外の代用油脂の使用不可（5%未満までは可）、と決められています。
→「クーベルチュール」

ちょこれーとの こくないにおけるきかく

【チョコレートの国内における規格】

日本では、チョコレート類の表示について、公正取引委員会の認定を受けた「チョコレート類の表示に関する公正競争規約」が設定されています。この規約では、チョコレート、準チョコレート、カカオパウダーなどのチョコレート類について定義が設けられており、国内で一般消費者に販売されるチョコレート類の表示について適用されます。この表示規約では、チョコレート及び準チョコレートの生地は表のように5種類に分類されています。

区分	成分			
チョコレート生地 （基本タイプ）	カカオ分（注1）35%以上 （うちココアバター18%以上）	脂肪分（注2） —	乳固形分任意 （うち乳脂肪任意）	水分3%以下
チョコレート生地 （カカオ分の代わりに乳製品を使用したタイプ）	カカオ分21%以上 （うちココアバター18%以上）	脂肪分 —	乳固形分カカオ分と合わせて35%以上 （うち乳脂肪3%以上）	水分3%以下
チョコレート生地 （ミルクチョコレート生地）	カカオ分21%以上 （うちココアバター18%以上）	脂肪分 —	乳固形分カカオ分と合わせて14%以上 （うち乳脂肪3%以上）	水分3%以下
準チョコレート生地 （基本タイプ）	カカオ分15%以上 （うちココアバター3%以上）	脂肪分18%以上	乳固形分任意 （うち乳脂肪任意）	水分3%以下
準チョコレート生地 （準ミルクチョコレート生地）	カカオ分7%以上 （うちココアバター3%以上）	脂肪分18%以上	乳固形分12.5%以上 （うち乳脂肪2%以上）	水分3%以下

注1 カカオ分とは、カカオニブ、カカオマス、ココアバター、ココアケーキ、ココアパウダーの水分を除いた合計量。
注2 脂肪分には、ココアバターと乳脂肪を含む。

（全国チョコレート業公正取引協議会「チョコレート類の表示に関する公正競争規約」）
日本チョコレート・ココア協会ホームページより

「カカオ」「ココア」表記は日本チョコレート・ココア協会の表記に準じています。

ちょこれーとのまち【チョコレートの街】

チョコレートの街、と聞いて思い浮かべるのはどんな街でしょうか。日本では神戸や銀座をあげる人もいますが、世界的にはベルギーのブリュッセルやブリュージュが有名です。街のあちらこちらに有名なショコラティエが軒を連ねていて、やはりチョコレートの街というに相応しい場所。パリも、個性的なショコラティエが点在するチョコレートの街。パリに本拠地を置く日本人ショコラティエも増えています。そしてイタリアのトリノ。イタリアおなじみのヘーゼルナッツのチョコレートもたくさんありますが、この街の名物はビチェリンというチョコレートドリンク。チョコレートの上にエスプレッソ、その上にクリームを載せたもので、ビターな味わいが特徴です。
→「ビチェリン」

ちょこれーとばー 【チョコレートバー】

板状、あるいはスティック状のチョコレート。

チョコレートハウス

【chocolate house】

イギリスのチョコレートハウスは、コーヒーハウスと同じく、人々が政治や経済について語り合う社交の場でした。カカオ栽培が盛んだったジャマイカを1655年にイギリス軍がスペイン軍から奪い、それからイギリスでチョコレートハウスの人気が高まりました。1659年の週刊誌の広告でチョコレートについて「（前略）…その場で飲むもよし、材料を格安で買うもよし、用い方も伝授。その優れた効能はどこでも大評判。万病の治療、予防に効果あり。効能を詳しく解説した本も同時に発売」と紹介。これは、チョコレートハウスの広告と考えられています。※1 ※2 ※6

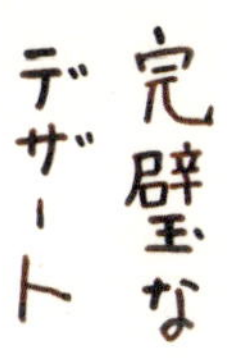

チョコレートパフェ

【chocolate parfait】

「パフェ」はフランス語の「Parfait（完全な）」という言葉からきています。まだアイスクリーム製造機がない時代、卵黄と煮詰めたシロップを泡立てたボンブ生地や煮詰めた果汁と生クリームを混ぜ合わせ、冷やして固めた冷菓。それまでになかった冷たいデザートが斬新だったことから、「パーフェクト!」と呼ばれたとか。日本では、グラスにアイスクリームや生クリーム、チョコレートソース、フルーツをのせたものをパフェといいます。似たものに「チョコレートサンデー」がありますが、こちらはアメリカ生まれ。両者の区別はグラスの背の高さの違いという説もありますが、明確ではないようです。

チョコレートヒルズ【Chocolate hills】

フィリピンのボホール島にある、大理石でできた高さ30〜50mの円錐形の山々が1268も並ぶ場所。5月の乾季になると小山の緑が枯れてチョコレート色になることから、この名前が付けられました。世界遺産にも指定されていて、小山に登ることはできませんが、展望台から眺めることはできます。

チョコレートファウンテン

【chocolate fountain】

チョコレートフォンデュのように、生クリームを加えて溶かしたチョコレートが、噴水のように流れ落ちるところに、フルーツやマシュマロをからめて食べるデザート。ファウンテンとは噴水の意味で、その名の通り、噴水のようにチョコレートが流れる機械を使います。華やかで見映えがするので、よく結婚式やパーティーに登場しますが、最近は家庭向けの機械も販売されています。

→「チョコレートフォンデュ」

チョコレートフォンデュ

【chocolate fondue】

チョコレートに牛乳や生クリームを加えて加熱して液状になったものに、マシュマロや果物、パンなどを浸し、チョコレートをからめて食べるデザート。

→「チョコレートファウンテン」

ちょこれーとぽっと【チョコレートポット】

チョコレートを入れるための専用ポット。蓋にあいた穴にモリニーリョ（かき混ぜ棒）をセットして使います。モリニーリョを回転させながら上下に動かし、チョコレートをよく泡立ててから、カップに注ぎます。

→「モリニーリョ」

チョコレートリカー【chocolate liquor】

カカオリカーのこと。
→「カカオリカー」

チラミン【tyramine】

偏頭痛誘発物質の一種。
→「偏頭痛」

つだ・うめこ【津田梅子】

1864-1929年。日本の女子教育の先駆者で、津田塾大学の設立者。わずか6歳で岩倉使節団に同行し、1871年から欧米諸国をまわり、フランスのリヨンではチョコレート工場を見学したそうです。幼い少女にとって、チョコレートは大きな感動をもたらしたことでしょう。

ツリートゥーバー【tree to bar】

ビーントゥバーよりもさらに踏み込んで、カカオの木の育成からチョコレートづくりに携わることをツリートゥーバーと呼ぶことがあります。
→「ビーントゥバー」

ち

Dレーション【D-ration】

チョコレート、ココアバターのほか、砂糖や脱脂分乳、オーツ麦などを原料としたカロリーの高い個人携帯用非常食で、主にアメリカ軍が第二次世界大戦中使用していました。一食分600kcal。ちなみにアメリカ軍は第二次世界大戦中に携帯性を重視した戦闘糧食として「Kレーション」を配給していて、1日3食分が1セットで約3000kcal。この中にも「Dレーション」が含まれていたそうです。
→「軍用チョコレート」

エネルギー源

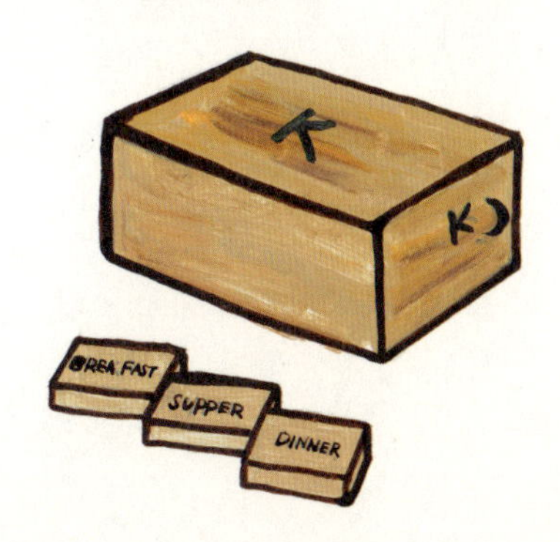

1個10円! おこづかいで買えたチョコレート

子どもの味方『チロルチョコ』の歴史

ひと口サイズで人気の『チロルチョコ』の歴史を調べてみました。

3つ山から台形へ

松尾製菓株式会社が「チロル」というブランド名で1962年に発売したチョコレート。子どもがおこづかいで買える1個10円のチョコレートとして売り出されました。当初の形は3つ山のバー状。時代の流れとともに価格は20円、30円と見直されましたが、「やっぱりチロルは10円でなければ」という声が多く、その価格を実現するために1979年に3分の1のサイズになり、現在のような台形のチロルチョコの形が誕生、再び10円チョコになりました。

初代の3つ山チロルチョコ

20円サイズ 30mm 30mm

10円サイズ 25mm 25mm

10円サイズと20円サイズの大きさの違い

TIROL CHOCOLATE

復刻している現在の3つ山チロルチョコ〈ミルクヌガー〉

コンビニで買える20円サイズ

ただ現在は、10円サイズのチロルチョコはバラ売りされていません。理由はコンビニに販路を広げる際に小さくてバーコードが印刷できないため、バーコード対応の大きいサイズに変更されたからです。それにともない価格も20円になりました。10円サイズも健在で、袋入りや箱入りで購入できます。

コラボでユニークなチョコが続々

チロルチョコは、他の製菓メーカーとのコラボレーションもしています。
コラボの形式はさまざま。人気キャラクターが登場する場合には、そのキャラクターをパッケージにあしらったチロルチョコが販売され、相手メーカーからは、チロルチョコをデザインした製品が販売されました。

また、原料コラボというスタイルもあり、これは原料のチョコレートをコラボ先のメーカーから提供してもらうのだそうです。そして、パッケージに相手メーカーのロゴが入ったチロルチョコが発売されました。
これからもチロルならではのユニークなコラボ商品の登場が楽しみですね!

自分だけのオリジナルパッケージができる

チロルで『DECOチョコ』

『DECOチョコ』というサイトでは、
チロルチョコのパッケージに写真や画像をプリントし、
自分だけのオリジナルチロルチョコをつくることもできます。
ちなみにDECOチョコは、
コンビニなどでバラ売りされている20円サイズです。
わたくしRIKAKOも、挑戦してみました!

『DECOチョコ』
(http://www.decocho.com/)

★DECOチョコは、株式会社 MACスタイルが運営するWEBサービスで、オリジナルの画像やテキストをチロルチョコのパッケージに印刷し、世界で一つだけの包装紙でチロルチョコをつくることができます。
1セット45粒入り2,916円(税込、送料別)

1 画像を用意する

イラストや写真を用意します。DECOチョコは正方形なので、画像も正方形にトリミングできるものがよいでしょう。画像は1パターン、もしくは3パターンでつくれます。今回は3パターンつくれるよう、3枚イラストを用意しました。

2 『DECOチョコ』サイトにアクセス

サイトの案内にしたがって、画像をフォーマットに合わせていきます。お好みで、枠をつけたり、文字をのせることもできます。完成の日数は工房出荷予定日が画面に表示されるので、目安にしましょう。会員登録すれば、同じDECOチョコを再注文することも可能です。

こんなパッケージで届きます

3 オリジナルDECOチョコが届く

ドキドキしながら待っていると、ついにDECOチョコが到着。お店で売っているみたいにきれいな仕上がりです。しかも自分だけのオリジナルだなんて、うれしいですよね。パーティーなどで配っても、プレゼントにしてもよろこばれそう。だって、中身は本物のチロルチョコだもん!

こんな風に自分の好きな箱に詰めてプレゼントにしてもかわいい☆ 45粒あるから、いろんな人に少しずつ贈ることもできます。結婚式の引き出物などにも人気だそうです。

ティムタム【TimTam】

1964年にオーストラリアで発売され、日本でもすっかりおなじみのチョコレートビスケット。サクサクのチョコレートビスケットでなめらかなチョコレートクリームをはさみ、さらにそれをチョコレートでコーティングした、まさにチョコレートづくしのお菓子です。

テオブロミン【theobromin】

チョコレートに含まれる成分で、独特の甘い香りを持っています。この香りには、集中力、注意力、記憶力を高めたり、精神をリラックスさせる働きがあるとか。この呼び名は、神様の食べ物を意味する「テオブロマ・カカオ」に由来しています。

→「テオブロマ・カカオ」

テオブロマ・カカオ【theobroma cacao】

カカオの木の学名。スウェーデンの科学者リカール・フォン・リンネによって名付けられました。属名のテオブロマは、ギリシャ語で「神々の食物」を意味し、種名のカカオはメキシコ、中央アメリカでの呼名に由来します。

→「カール・フォン・リンネ」

デギュスタシオン【dégustation】

フランス語でテイスティングのこと。

→「コラム:チョコレートのテイスティングを知ってますか?」

でこれーとぺん【デコレートペン】

絵や文字を描くとき使う、ペンタイプのチョコレート。鮮やかな色やパステル調の色などカラーバリエーションが豊富。植物油脂ベースで、チョコレートと同じ成分でできています。40〜50℃のお湯でやわらかくして使います。

でじたるおんどけい【デジタル温度計】

瞬時に正確な温度を測れる温度計。テンパリングのときの必需品です。

→「テンパリング」

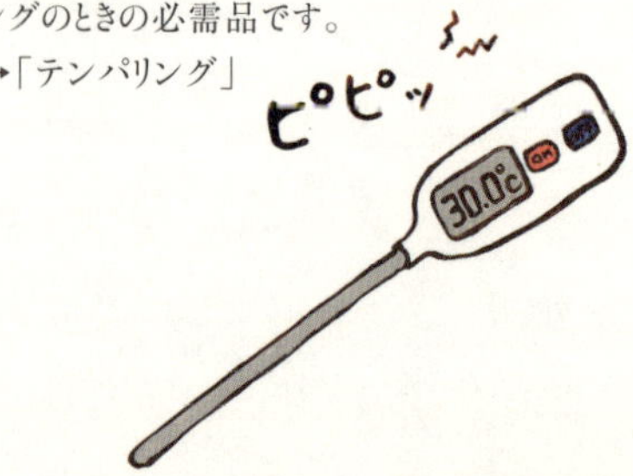

てづかおさむ【手塚治虫】

1928-1989年。漫画家の手塚治虫のチョコレート好きは有名で、命日の2月9日には墓前に板チョコをそなえるファンがいるほど。「チョコがないと僕は描けません!」といって編集者が夜中に買いに行ったという逸話があります。『ブラック・ジャック』や『ルードウィヒ・B』など作中にチョコレートが登場することも。死後数年後、長女のるみ子さんが彼の引き出しを開けてみると、食べかけの明治のミルクチョコレートが出てきたそうです。※8

てづくり【手づくり】

お菓子やチョコの手づくりに自信のない方におすすめなのが、市販の板チョコを溶かして、型に入れて固めるだけの手づくりチョコレートです。100円ショップにも、シリコン製のかわいい形の型がたくさん揃っています。見栄えを重視するなら、フリーズドライのフルーツを散りばめます。高級感が出ます。おすすめです。

てつぶん【iron】

体内の鉄分はミネラル成分のひとつで、そのほとんどは血液中の赤血球をつくるヘモグロビンになっています。ヘモグロビンは酸素と結びつき、肺から酸素を体全体に送る働きをします。カカオ豆100gには、鉄分が4.2mg%含まれます。※2

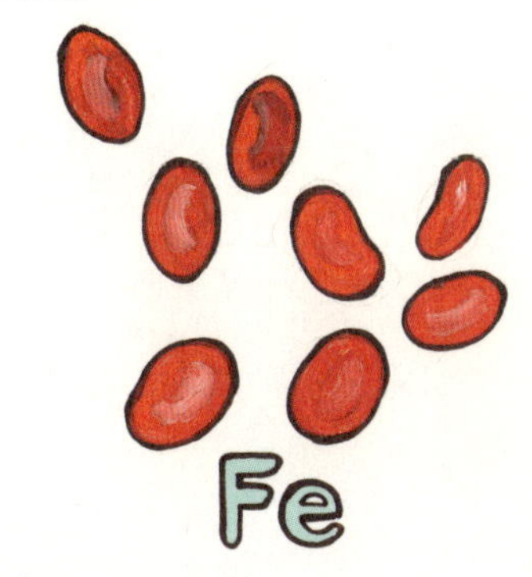

デメル【DEMEL】

オーストリアのウィーンで1786年創業した老舗洋菓子店。オーストリア皇帝として長い間ヨーロッパを統治したハプスブルク家の人々からも愛され、いまもハプスブルク家の紋章をブランドマークにしています。デメルといえばザッハトルテが有名ですが、食べた後でも取っておきたくなる、かわいらしい箱のチョコレートでも知られています。

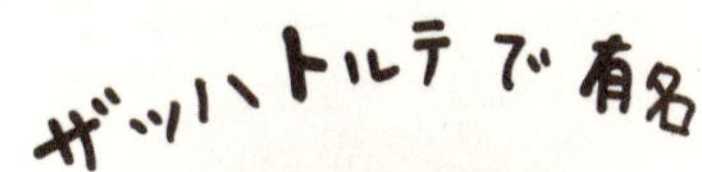

てんしゃしーと【転写シート】

カカオバターや植物油脂に色を付けたもので模様が描いてあるデコレーションシート。テンパリングをしたチョコレートやコーティングチョコレートに貼り付けて図柄を転写します。デコレートペンやコルネよりもフラットで細かな模様が付けられます。

テンパリング【tempering】

カカオに含まれるカカオバターが特殊な構造を持つ油脂であるため、分子の結晶をもっとも安定のよい状態にして、チョコレートを固めるために温度を調整すること。適切にテンパリングされると、ツヤがあってムラなく固まり、なめらかな口溶けのチョコレートに仕上がります。工場では温度管理された機械でテンパリングを行いますが、ショコラティエや家庭でテンパリングする場合は、いくつかの方法があります。溶かしたチョコレートをボウルに入れ、さらに水を張ったボウルにつけて冷やす水冷法。溶かしたチョコレートをマーブル台の上で、広げたり集めたりしながら冷やす「タブリール法」、溶かしたチョコレートに、溶かしていないチョコレートを加えて調節する「シード法」があります。
→「ブルーム現象」「マーブル台」

銅【copper】

鉄分からヘモグロビンがつくられるときに必要となるミネラル。カカオ豆100gには、銅が2.8mg%含まれます。※2

どうみゃくこうか【動脈硬化】

血管壁にコレステロールが貯まると起こりやすくなる動脈硬化。チョコレートに含まれる成分ポリフェノールには、この動脈硬化を予防する効果があるといわれています。
→「ポリフェノール」

とかすほうほう【溶かす方法】

テンパリングを行う際、まずチョコレートを完全に溶かす作業をします。チョコレートをボールに入れ、電子レンジにかけるか、湯せんにかけて溶かすのがもっとも簡単。ただし、湯せんの場合は水滴がチョコレートに入らないよう注意すること。チョコレート店などでは、チョコレートウォーマーなどを用いることもあります。
→「チョコレートウォーマー」

どくさつ【毒殺】

クレメンス14世（1705-1774年）は、ヨーロッパ諸国の強い圧力を受け、1773年イエズス会の解散を命じた教皇として知られていますが、その翌年に死亡しています。ゆっくりと身体が弱り、お毒味係と同じ症状で亡くなったことから、2人の死は、毎日飲んでいたチョコレートに毒が入れられていたからでは、とのうわさが。教皇のほんとうの死因はさておき、強い風味が毒の味をごまかすのに都合がよかったため、チョコレートは毒殺によく使われたそうです。※1

とざんのおとも【登山のお供】

チョコレートは、保存ができ、すぐに食べられ、糖分やカロリーも補給できることから、登山の際の行動食、非常食には欠かせない存在です。「シャリバテ」（エネルギー不足による疲労）という言葉があるのですが、これは登山中自覚のないうちにエネルギー切れを起こし、気付いたときにはもう食べることもできないほど疲れ果てている状態のこと。この「シャリバテ」を予防するためにも、登山中はチョコレートなどでこまめにカロリーを補給しましょう。

どみにこしゅうどうかい【ドミニコ修道会】

キリスト教の修道会。海外での布教活動に積極的で、1544年、マヤ族の代表団を伴ってスペインに帰国の際、チョコレートを王に献上したと伝えられています。

ドモーリ【Domori】

1994年に誕生したチョコレートメーカー。創業者ジャンルーカ・フランゾートさんは、ベネズエラでカカオの魅力を知り、研究を始めました。アマゾンの原生林をはじめ、世界中を巡って最高品質のカカオを見つけだし、そのカカオを自社農園などで栽培、木からチョコレートの完成まですべての工程に携わっています。もともと彼はマック・ドモーリというペンネームで小説を書いていたことから、この名前になったのだそうです。ドモーリのチョコレートは、特定産地や単一品種でつくられたものが多く、カカオ豆そのものの個性を味わえるのが特徴です。

100%クリオロ種のチョコレートも！

とらけつぁり【トラケツァリ】

アステカの言葉で「尊い物」を意味する、アステカの王侯貴族に愛されたチョコレートドリンク。とても上等な飲み物で、淹れ方も凝っています。カカオ豆を石臼でつぶして粉々にし、よーく空気を含ませながら水を加え、漉してから、器から器へと何度も移し替え、しっかり泡立てて供されたそうです。映画『ショコラ』の中にも、このトラケツァリにちなんだチリペッパー入りのチョコレートドリンクが登場しています。
→「泡」

ドラジェ【dragée】

アーモンドに砂糖シロップを固くコーティングして磨いたもので、白やピンク、ブルーのものがあります。ヨーロッパでは、結婚、誕生、洗礼などのお祝い事に贈ります。カラフルなドラジェや、アーモンドにチョコレートをまぶし、糖衣をつけたチョコレートドラジェもあります。

トランブルーズ【trembleuse】

カップの底の直径に合わせて、ソーサーにくぼみが付いているタイプのチョコレートカップ。フランス語の「震える」の意味を持つこのカップは、液体の重さで手が震えてカップが滑り落ちないように、と考えられたようです。トレンブラーズとも呼ばれます。

とりゅふふぉーく【トリュフフォーク】

チョコレートフォークとも呼びます。先端が、リング、スパイラル、3〜5本歯のものなどがあります。成形したガナッシュやトリュフボールを先端にのせ、溶かしたチョコレートの中にくぐらせて、すくい出す作業の時に用いる道具です。

どれい【奴隷】

マヤ、アステカでは、カカオ豆は貨幣として用いられるほど貴重でした。『チョコレートの真実』（英治出版）によると、マヤでは、奴隷の価格は1人100粒、七面鳥は200粒、人夫の日給は1日100粒とか。奴隷は100粒で、七面鳥の半額、人夫の日給と同じというのは驚きです。奴隷とカカオの関係は、アステカ帝国の滅亡とともに終わりを告げたわけではありません。その後、ヨーロッパ、西アフリカ、北米と西インド諸島を頂点とする大西洋三角貿易では、カカオやサトウキビのプランテーションを行うための労働力のために、アフリカから多くの黒人たち奴隷として連れて来られたのでした。

→「大西洋三角貿易」

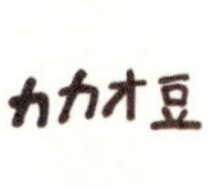

どろすてこうか【ドロステ効果】

ある図像の中にそれと同じ小さな図像があり、その中にさらに小さな同じ画像があり、というのが永遠に続くかのように見える視覚効果のこと。1904年に発売された、オランダの『ドロステ・ココア』のパッケージに由来します。『ドロステ・ココア』のパッケージでは、修道女が持っているお盆の上に、『ドロステ・ココア』の箱とコップが載っていて、その箱の絵にココアの箱とコップを持つ修道女が描かれていて…が繰り返されています。引き込まれるような視覚効果があり、合わせ鏡で同じような効果がつくれます。

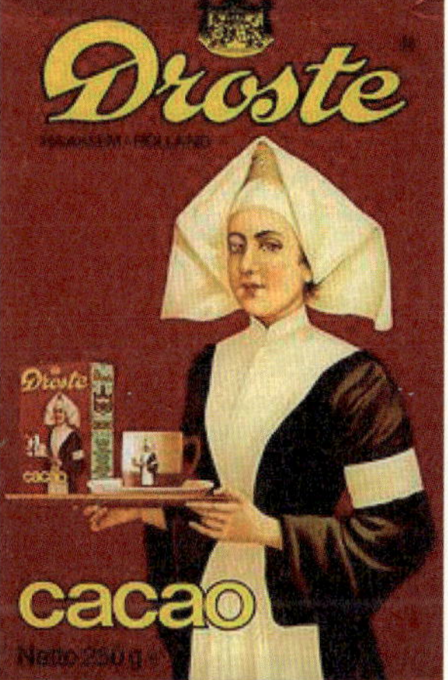

画像提供／宝商事株式会社

ドロステ【Droste】

1863年に設立され、チョコレートのメーカーとして草分け的な存在がオランダの誇るドロステ社です。高品質であることは当然ですが、六角形の筒に入ったパステルロールシリーズや、オランダらしいチューリップをかたどったチョコレートなど見た目もかわいらしいものが人気です。パッケージはオランダ王室から授かった「ロイヤル」の証である王冠が目印になっています。

→「ドロステ効果」

まるでワインみたい

チョコレートの「テイスティング」を知ってますか?

**チョコレートのすべてを味わうために、
五感を使ったテイスティングの方法をお伝えします。**

五感とは、視覚、触覚、聴覚、嗅覚、味覚のこと。テイスティングには味覚や嗅覚はもちろんのこと、視覚、触覚、聴覚まで使います。チョコレートを味わうのに、なぜ? とちょっと不思議な感じもしますよね。
そこで『リンツ ショコラ カフェ 自由が丘』が開催している"チョコレートテイスティングセミナー"で教えていただいた方法をご紹介します。リンツのセミナーなので、チョコレートはすべてリンツでしたが、同じ方法で別のブランドのチョコレートをテイスティングすることもできるので、参考にしてみてください。

『リンツ ショコラ カフェ 自由が丘店』の

【テイスティングの方法】

1 「見る」

まずは、チョコレートをよく見ます。色やキメ、ツヤなどを全体をじっくり見てください。品質の高いチョコレートは色に濃淡のムラがなく、キメが整っていて、自然な輝きがあるのです。

2 「触る」

そっと触れてみます。表面の触り心地はなめらか? それともザラつきがある?

3 「聞く」

チョコレートを耳に近づけ、割ってみます。どんな音がしますか。パキンと鋭い音か、鈍い響きですか? 品質の高いタブレットでフィリングのないチョコレートは、はっきりとした乾いた音がするそうです。また、適温で保存されているものかも、音で確認できます。温度が高い場所にあったチョコレートは、ちゃんと音がしないのです。

4 「嗅ぐ」

チョコレートの香りを、深く吸い込んでみます。また、口の中でチョコレートを溶かしながら息をはいて、そのときに香り立つアロマを感じてみます。

5 「味わう」

一片のチョコレートを、口の中でゆっくりと溶かしてみます。舌の上に広がる世界に、神経を集中。どのような味を感じますか。

自由が丘の『リンツ ショコラ カフェ』で

「チョコレートテイスティングセミナー」を体験してきました

子どものころからチョコレートが大好きだった、
わたくしRIKAKO。
チョコレートの世界をもっと深く追求したい
という気持ちが高まってきたちょうどそのころ、
チョコレートについてのセミナーがあることを知りました。

知りませんでした!!

初心者でも大丈夫、それでいてとても内容が濃いらしい、という噂を聞いてさっそく申し込んでみたのが"チョコレートテイスティングセミナー"です。
場所は自由が丘の『リンツ ショコラ カフェ』。月に2度ほど定期的に開催されています。

チョコレートのエキスパートである専任講師にカカオの木やカカオ豆の産地、チョコレートのつくり方まで教えていただきながらテイスティングが体験できるという充実の2時間。
好奇心ウズウズで出かけてきました。

チョコレートドリンクがお出迎え

カフェに着くと、まずはウエルカムドリンクとして、好きなチョコレートドリンクをいただきます。もうここからチョコレートの世界への誘いが始まっているようです。テーブルの上には、テイスティングする8種類のタブレットチョコレートのパッケージがずらりと並べられ、カカオの模型やカカオ豆などもあります。

History

テイスティングの前に

ウエルカムドリンクをいただきながら講師の先生とご挨拶。
受講メンバーは、20代から60代くらいの男女12名。先生は受講者のみなさんを笑顔で見守りながら、セミナーをスタートさせます。
まず、スイスのチョコレートブランドであるリンツの発祥と歴史をたどります。
次に、チョコレートの原料であるカカオの話や"チョコレート"ができあがるまでの製造工程など、興味深いお話が続きます。カカオの木が発見されてから、チョコレートの存在は長いこと"ドリンク"でした。そこから現在のタブレットになるまでの道のりもお勉強。知らないことばかりでした。そしてダーク、ミルク、ホワイトチョコレートがどのようにしてつくられているのかも初めて知りました。
こんなふうにカカオをいろいろな角度から学んでみると、テイスティングがますます楽しみになってきます。

いよいよ テイスティングのスタート

お皿の上に並んだチョコレートの配置には、意味がありました。上の段には、左からカカオ分の含有率が70%、85%、90%、中段左の99%までダークチョコレートが並びます。その隣に、ダークベースのフレーバー2種、下段にはミルクとホワイトチョコレート。左上から順番に試していきます。チョコレートのテイスティングの場合、ダークの中で含有率の低いものから高いものへ、カカオ豆本来の味をしっかりと味わうのだそうです。その後に、乳性分の入ったミルク、ホワイトを食します。
まずは、左上段の1枚。このひとかけに集中し、じっくり見て、嗅いで、耳元で割ります。チョコレートの音なんて、これまで聞いたことありませんでした！ パキン、と澄んだ音で割れました。口の中に入れます。「噛まないで、舐めて、舌の上で溶かしてみてください」と先生。今までの私は思いっきり噛んでました。それでも十分美味しかったのですが、舌の上のチョコレートが、時間とともに口の中でとろけていくときの味や香りの変化、奥深さ、広がりは、もう未知の世界といってもいいほどでした。

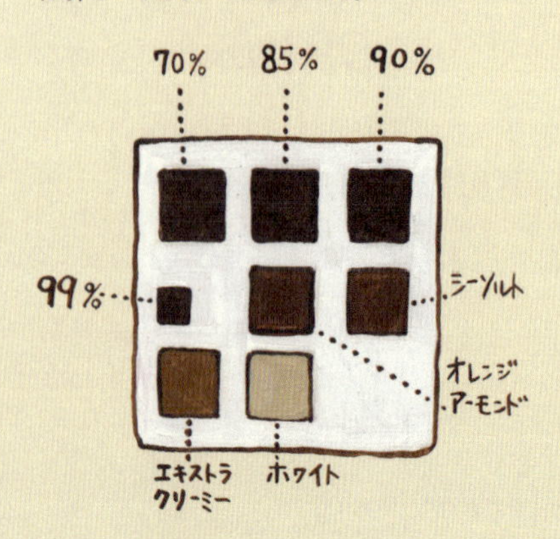

カカオの配合率と味の違いは?

「カカオ成分70%というのは、カカオマスとカカオバターの合計がチョコレート全体の70%を占めるという意味です。残りは砂糖となります。このカカオバターを添加することでチョコレートの口溶けが生まれるのです。」と先生。ただし、タブレットのカカオ成分である、カカオマスとカカオバターの割合は、各企業の秘密だそうです。カカオ70%のチョコレート、と一口にいいますが、カカオ豆の種類、配合率、コンチングの時間など、ありとあらゆる研究が重ねられて、一つの製品としてでき上がっていきます。だから同じ70%でも、メーカーによってまったく違う味になるというわけなんですね。

さて、RIKAKOの感想は… カカオ70%というと、苦みが強いイメージだったけど、思いのほか酸味も苦味もなくマイルド。女性的な味わい。85%は男性的。99%は、舌で溶かすとコク深くまろやか。

チョコレートのバリエーション

ダーク4種類のテイスティングの後は、「オレンジアーモンド」「シーソルト」「エクストラクリーミー」「ホワイトバニラ」を味わいます。オレンジアーモンドは、スライスアーモンドが入っているので、噛みながら食感も楽しむのだそうです。チョコレートには、「溶かしてじっくり味わう」チョコレートと、「噛んで味わう」チョコレートがあることがわかりました。個性派のシーソルト、マイルドな口溶けのミルク、バニラの香るホワイト、バリエーション豊かなチョコレートを味わいつくしました。

テイスティングのポイント

セミナーで習ったテイスティングのポイントをまとめてみました。

①楽しい雰囲気づくり
②温度管理。20℃前後が適温。寒すぎず、暑すぎずが大事。
③テイスティングはカカオ含有量が少ないものから始めます。先に含有率が高いものを食べると、その味のインパクトが残って、含有率の低いものの味がよくわからなくなるからです。シーソルトやオレンジアーモンドなど個性や食感のユニークなフレーバーのものも混ぜる。
④テイスティングの合間には、常温の水、白湯、クセのない紅茶などを飲み、味覚をニュートラルにする。
⑤テイスティングするチョコレートは、1回に5〜8種類、それぞれ10gくらいが適量。多すぎると味覚が鈍る。
⑥チョコレートの繊細な味を感じるために、ゆっくり口に含み、舌の上で溶かして味を評価する。
⑦語り合う。自分がチョコレートを食べて、どんな風に感じたか、語り合って楽しむ。

テイスティングパーティをやってみた

後日、先生のアドバイスをもとに、自宅で小さなテイスティングパーティーをやってみました。
チョコレート大好きな友人も、「いままで食べたチョコレートが、100倍美味しく感じられるようになった!」と感動してくれて、こちらもうれしくなりました。
みなさんも、数種のチョコレートを揃えて、テイスティングを楽しんでみてください。

な

ナトリウム【natrium】

体内の水分を適切な状態に調整したり、神経や筋肉を正常に動かすための働きをするミネラル。カカオ豆100gには、ナトリウムが2.6mg%含まれます。※2

な

なぽりたんのなぞ【ナポリタンの謎】

フランスのカフェやイタリアのバールでコーヒーを注文すると、一口サイズの四角いチョコレートが添えられてきます。これをナポリタンと呼ぶことがあります。なぜナポリタンと呼ぶのか諸説ありますが、有力なのは“コピー商品から一般化”説。1926年フランスのチョコレートメーカー・ヴェイスが一口サイズに包んだチョコレートを「LES NAPOLITAINS WEISS」と名づけて発売。これが好評となりやがてメーカーを問わず、一口サイズのチョコレートを指す一般用語になったというもの。ちなみに、ナポリ産のヘーゼルナッツを使ったチョコレートやお菓子にナポリタンと名付けている商品もあります。結局のところ、その謎は今も解明されていないようです。

一口サイズ

アルプス越えにも

ナポレオン・ボナパルト
【Napoléon Bonaparte】

1769-1821年.フランスの軍人、政治家、フランス第一帝政の皇帝、ナポレオンはチョコレートが大好きで、「チョコレートがあれば、ほかの食料を断つこともできる」と言ったとか。アルプス越えの行軍のときにも、チョコレートを軍隊の携帯食として利用していたそうです。

なまちょこ【生チョコ】

チョコレートに生クリームや洋酒などを練り込んでつくった、ガナッシュそのものを味わうタイプのもの。軟らかい食感が特徴。スイスの名菓「パヴェ・ド・ジュネーブ」が発祥。「生チョコ」は日本で誕生。まわりをチョコレートでコーティングしないので保存期間の短いところが「生」感覚のチョコレートです。
→「ガナッシュ」

なわとるご【ナワトル語】

アステカ帝国の公用語。ナワトル語では、チョコレートのことを「カカワトル」と呼んでいましたが、スペイン侵略後に編纂された辞書の中では「チョコラトル」という言葉に変わっています。
→「カカワトルとチョコラトル」

においこうか【匂い効果】

チョコレートに含まれる匂い成分テオブロミンの効果で、集中力、注意力、記憶力が高められるといわれています。また、この匂いは精神をリラックスさせる効果もあるそうです。

→「テオブロミン」

にがいのにがいのとんでいけ

【にがいのにがいのとんでいけ】

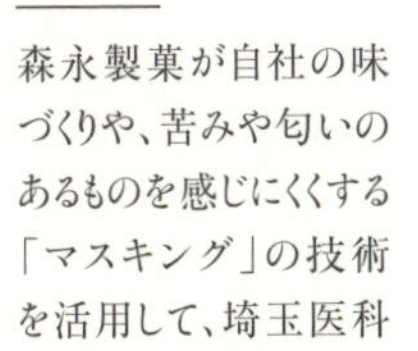

森永製菓が自社の味づくりや、苦みや匂いのあるものを感じにくくする「マスキング」の技術を活用して、埼玉医科大学と共同開発した、服薬用のチューブ入りチョコレート。子どもたちが、苦いお薬を飲むときのつらい気分を楽しい気分に変えられるように製品化。「にがいのにがいのとんでいけ」に粉薬を加えてよく混ぜると「あれ、なんだかおいしい…?」砂糖不使用、冷蔵不要なのも、ママやパパにはうれしいところ。

にきび【ニキビ】

チョコレートを食べるとニキビができる、といわれることがあります。そもそもニキビは、皮脂腺からでた脂が毛穴を塞いで皮膚を盛り上げた状態のこと。とくに思春期のホルモンバランスが崩れやすい時期にできやすいものですが、チョコレートとは直接的には関係ないそうです。食欲旺盛でチョコレートもいっぱい食べたいお年頃によくできることから、ニキビと関連付けられたのかもしれませんね。

にせかへい【偽貨幣】

メソアメリカ（中米における古代文明圏）では、マヤの時代からカカオ豆は法定貨幣として使われていました。そのため、粘土や石に色をつけて、偽のカカオをつくっていたそうで、遺跡からも偽カカオが出土しています。粘土のカカオはチョコレートにはなりませんね。

→「メソアメリカ」

に

にとものがたり【二都物語】

ディッケンズは、著書『二都物語』のなかで、都会の貴族モンセニョールがチョコレートを飲むためには、力持ちの家来が4人必要だと書いています。1人目はチョコレート注ぎ器を持ってくる係、2人目はかき混ぜ係、3人目はナプキンを差し出す係、4人目はチョコレートを注ぐ係。それぜんぶ1人でできるでしょ!　とつっこみたくなるのは、庶民だからでしょうか。（『二都物語』上巻7章　チャールズ・ディッケンズ　佐々木直次郎訳 青空文庫より）

にぶのかし【ニブの菓子】

カカオニブは、カカオ豆を砕いて皮を取り除き、焙煎した胚乳部分。通常は、このニブをすり潰してカカオマスにし、チョコレートをつくっていきます。でも、ニブはそのまま食べても、ナッツのような食感で食べられます。カカオ豆本来のおいしさを知って欲しい、というコンセプトのお店xocolでは、このニブを使ったお菓子をつくっています。原石『GENSEKI』と名付けられたニブのお菓子は、砂糖で包んだものや塩を加えたものなど。ポリポリとした食感で、お酒のおつまみにも合いそうな味わいです。

→「カカオニブ」「コラム:カカオを味わう店xocol」

にほんしゅ【日本酒】

意外ですが、日本酒のおつまみとしてもチョコレートは合うそうです。最近では、ボンボンなどのチョコレートの材料として日本酒や焼酎を使ったものもつくられているようです。

にほんちょこれーと・ここあきょうかい

【日本チョコレート・ココア協会】

日本のチョコレート・ココアの製造者の団体で、1952年に設立されました。チョコレート・ココアの普及のための広報活動や、シンポジウムの開催、原材料に関する取り組みや情報の収集・調査や情報提供、国際機関との連携などに関わる活動を行っています。

にほんはつのいたちょこ

【日本初の板チョコ】

1909年、森永西洋菓子製造所(後の森永製菓)日本で最初の板チョコレートを発売しました。しかし、この第1号は外国製のビターチョコレートを原料にして製造したもの。とても高価だったそうです。

ヌガーとヌガティーヌ

【nougat, nougatine】

ヌガーとは水飴や砂糖やハチミツとナッツを主体にしたお菓子のひとつ。メレンゲをベースに煮詰めたシロップとはちみつを加えてつくる白いタイプと、キャラメル状に煮詰めた褐色のタイプがあります。生地にチョコレートを練り込んだチョコレートヌガーもあります。「ヌガティーヌ」や「ヌガティン」と呼ばれるものは水あめや砂糖をキャラメル状に煮詰めてアーモンドなどを加えて薄く伸ばしたものをいいます。

ヌテラ【netella】

ヘーゼルナッツペーストに砂糖、ココア、脱脂粉乳、香料などを混ぜ合わせたチョコレートのスプレッドで、バゲットやトースト、マフィンに塗って食べます。「ヌテラ」を塗れば、ただのパンもおいしいデザートに早変わり！「ヌテラ」という名称は、フェレロ社の商標登録です。

→「フェレロ」

ネスレ【Nestlé】

アンリ・ネスレにより1866年創業したネスレ社は、粉ミルク製造からスタートしました。世界最大級の食品会社となった現在は、『キットカット』など、人気のチョコレートを製造しています。

→「アンリ・ネスレ」「キットカット」

ノイハウス【neuhaus】

1857年、ベルギーのブリュッセルに薬とお菓子を扱う店としてスタートし、1895年にはチョコレート専門店に。3代目のジャン・ノイハウスが、ナッツ類に飴を絡ませてペースト状にしたものをチョコレートで包んだプラリーヌを生み出しました。このプラリーヌは、ベルギーチョコレートの原点ともいえるもので、多くのチョコレート専門店に影響を与えたそうです。

→「ジャン・ノイハウス」「バロタン」

のう【脳】

チョコレートの匂い成分テオブロミンは、人間の脳に働きかけ、集中力、注意力、記憶力などを高める効果があるそうです。※10

のむちょこれーと【飲むチョコレート】

チョコレートが生まれたメソアメリカでは、チョコレートはもともと飲み物でした。すり潰したカカオに、トウモロコシの粉やスパイスを加えて、水で溶かし、よく泡だてたもので、非常に高価で、王侯貴族たちしか口にできなかったそうです。16世紀以降ヨーロッパに渡り、お湯で溶いて、砂糖やミルクを混ぜた飲みやすいものになり、現在のチョコレートドリンクに近くなりました。ヨーロッパでも、伝わった当初はたいへん高価で贅沢な飲み物で、一般大衆が口にできるようになるまではだいぶ時間がかかったようです。

→「メソアメリカ」「ショコラショー」「泡」「チョコレートドリンク」

みんなが幸せになるために

フェアトレードって何?

人間らしく暮らせるように正当な値段で取引をする。

何が問題になっているの?

生産者のよりよい暮らしを目指すために、つくられたものを正当な値段で売買することをフェアトレードといいます。
カカオは、過酷な労働環境のもと栽培されることも多く、近年では世界的に問題意識が高まっています。
フェアトレードの基準は、認証団体により異なりますが、ここでは、世界125ヶ国以上で流通し、欧米での認知度がもっとも高い団体のひとつである、国際フェアトレードラベル機構の国際フェアトレード基準についてご紹介します。
国際フェアトレード基準は、大きく分けて、
「経済的基準」
「社会的基準」
「環境的基準」の3つから成ります。

「経済的基準」
生産者に対して最低価格の保証、それに加えて生産地域の発展のための資金となるプレミアム(奨励金)を支払うこと、前払い、長期的な安定した取引などが義務付けられます。
「社会的基準」
児童労働、強制労働の禁止、安全な労働環境、民主的な運営、労働者の人権、生産地域の社会発展プロジェクトを設定している、などを守らなくてはなりません。
「環境的基準」
農薬・薬品の使用に関する規定、土壌・水源の管理、環境に優しい農業であること、有機栽培の推奨、遺伝子組み換えの禁止などが設定されています。

フェアトレードのラベルっていろいろあるけど

国際フェアトレード認証ラベルは、これらの基準を生産者、貿易会社、商社などのトレーダー、メーカーのすべてが守っていることが確認されて、初めて取得できるのです。
また、ある製品が国際フェアトレード認証ラベルを取得するためには、国際フェアトレード認証対象産品となっている原材料のすべてが基準をクリアしている必要があります。チョコレートの場合なら、主な原料であるカカオ豆と砂糖、ナッツやドライフルーツ入りならそれも含めて、この基準をクリアして、はじめて国際フェアトレード認証ラベルを取得することができるのです(ちなみにミルクは対象外だそうです)。

ここでご紹介した内容は、国際フェアトレードラベル機構の基準です。商品によっては、認証ラベルがなくても、メーカーや団体独自の基準でフェアトレード商品として販売されているものもあります。どんな基準でフェアトレード製品として販売されているのか興味のある方は、商品パッケージやウェブサイトで内容を確認してみてください。

は

ハーシー【Hershey】

1894年、ミルトン・ハーシーが創業したアメリカを代表するチョコレート会社。ペンシルベニア州ディリータウンシップにあるハーシータウン周辺に広がる農場から新鮮なミルクを仕入れ、大量生産でミルクチョコレートを生産。『キスチョコ』や『チョコレートバー』など、人気チョコレートを製造しています。

初期の広告写真です。

パータ・グラッセ【pâte à glacer】

主に、コーティング用に使われるチョコレート。クーベルチュールとの違いは、カカオバターではなく、結晶の構造が安定している植物性の油脂などが使われているところです。そのため、テンパリングをして結晶を安定化させる作業をしないで、湯せんで溶かしてそのまま使用できます。

ばーちょこれーと【バーチョコレート】

→「チョコレートバー」

ハート【haert】

ハートの形をしたチョコレート。ボンボン、ソリッド、モールド、チョコレートケーキ、いろいろなタイプがあります。バレンタインシーズンは、とくに人気。赤やピンクにコーティングされたハート型チョコレートは、愛のアピール力も満点です。

パート・ド・カカオ【pâte de cacao】

フランス語で「カカオマス」のこと。
→「カカオマス」

はいくらうんちょこれーと
【ハイクラウンチョコレート】

森永製菓が1964年に発売したチョコレート。高級外国製タバコの箱をヒントにしたパッケージや高級感、本格的な品質の高さ、インパクトのある広告展開、携帯性の良さで人気になりました。

ばいせん【焙煎】

チョコレートの製造工程のひとつで、カカオ豆をロースト（焙煎）し、チョコレート独特の香りと色を引き出します。焙煎する温度と時間は、メーカー、ショコラティエによって違います。ほとんどの場合は専用の機械で焙煎しますが、オーブンやフライパンの直火で焙煎しているショコラティエもあります。カカオ豆のままローストするのが一般的ですが、カカオ豆の皮（カカオハスク）を取り除いてからローストする「ニブロースト法」や、さらにカカオニブを磨砕して液体にした、カカオリカーの状態でローストする「リカーロースト法」もあります。

はくぶつかん【博物館】

世界のチョコレートの博物館で有名なのは、ドイツのケルンにある「チョコレート博物館」(Imhoff-Schokoladenmuseum)とスペインのバルセロナにある「チョコレート博物館」(Museu de la Xocolata)。チョコレートの歴史やチョコレート工場の見学ができる観光名所になっています。日本では、北海道札幌の「白い恋人パーク」、新千歳空港の「ロイズ チョコレートワールド」がチョコレートの歴史やつくり方など知ることができる、博物館の役割を果たす場所となっています。

→「白い恋人パーク」「ロイズ　チョコレートワールド」

はせくら・つねなが【支倉常長】

1571-1622年。伊達政宗の家臣。1613年に政宗によって、慶長遣欧使節団を率いて、メキシコ経由でスペインに派遣されました。メキシコもスペインもチョコレートの本場であることから、支倉常長が日本で最初にチョコレートを口にしたのでは？　という説もあり、彼の出身地宮城県川崎町には、彼にちなんだ「チョコえもん」というゆるキャラもいます。

→「チョコえもん」

はっこう【発酵】

収穫したカカオの実（カカオポッド）を、鉈などの道具で割って、パルプ（白い果肉）ごとカカオ豆を取り出し発酵させます。発酵には第一の「アルコール発酵」と第二の「酢酸発酵／乳酸発酵」の二段階があります。この一連の作業により、カカオ豆を焙煎したときに、独特の香りとうまみが形成されます。伝統的な方法は「ヒーブ法」といい、バナナの葉で包んで涼しいところに置いて自然に発酵させます。発酵が進むと温度が上がってくるので、バナナの葉を外して、中身を均等にかき混ぜて再びバナナの葉で覆うという工程を繰り返します。大規模な農園などでは、木箱を使って発酵を進める「ボックス法」によって、一度に多くのカカオ豆を発酵させます。

→「アルコール発酵」「酢酸発酵／乳酸発酵」

はっこうしょくひん【発酵食品】

収穫して、ポッドから取り出されたカカオ豆は、バナナの葉などに包まれて、約1週間ほど発酵させます。そのためチョコレートは、実は発酵食品であるという言い方もできます。ただし、製造工程の中でカカオ豆の焙煎などの加熱処理によって発酵は止まるので食べるときに菌が生きているわけではなく、味噌やヨーグルトなどとは違います。

→「発酵」

はな【花】

アステカでは、チョコレートにバンレイシ科の「耳の花」と呼ばれる花など、いろいろな花を混ぜて飲んでいたそうです。さらに、イタリアへ渡ったチョコレートは、トスカーナ公コジモ3世の宮廷ではジャスミンの花を混ぜて飲まれていたとか。株式会社 明治の『100% Chocolate Cafe.』にはジャスミンフレーバーのチョコレートもありますが、本当に香り高く贅沢な味わい。しかしスーパーなどではなかなかお目にかかれません。このフレーバーのチョコレートが巷に溢れていないのが不思議なくらい。

はなぢ【鼻血】

チョコレートと鼻血について、医学的には関係があるという報告はないそうです。でも、チョコレートには血行をよくする物質も含まれているので、可能性がゼロと断定はできないようです。

ばななのは【バナナの葉】

カカオにとって、バナナはとても大事な存在です。カカオの木はとてもデリケート。高温多湿を好む一方、直射日光は苦手なのです。そのためカカオの木の周りにバナナを植え、バナナの大きな葉を日よけにするそうです。さらに大事な役割を果たすのが、カカオ豆を発酵させるとき。バナナの葉を敷き詰めた上にカカオ豆を置き、さらにその上にバナナの葉を被せて発酵させるのが伝統的な方法です。

→「発酵」

ハプスブルグ家【Haus Habsburg】

中世から20世紀初頭まで強大な勢力を誇り、ヨーロッパ最大の名門王家といわれていました。大きく分けて、スペイン系ハプスブルグ家とオーストリア系ハプスブルグ家がありますが、どちらも血縁制度を利用した政略結婚を重んじ、軍事力以上に婚姻により勢力を拡大していきました。ヨーロッパのなかで最初にチョコレートが伝わったのはスペインでしたが、チョコレートを愛飲していたハプスブルグ家の姫君たちが他国へ嫁入りすることにより、チョコレートもヨーロッパ全体に広く伝わっていきました。

ぱらそるちょこれーと

【パラソルチョコレート】

1954年に不二家から発売されたチョコレート。持ち手のスティックを傘の柄に見立ててあり、チョコレートに直接触れることなく食べられます。

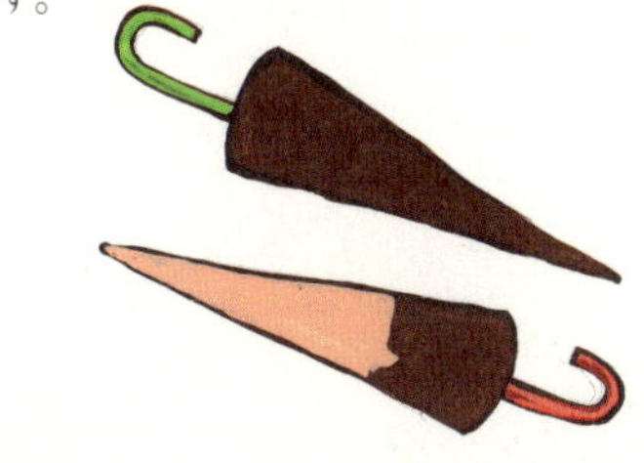

パレ【palet】

チョコレートを丸く絞って板状にしたもの。ナッツやドライフルーツをトッピングしたものはマンディアンと呼ばれます。パレは、フランス語で「平たく小さな円形」という意味です。

→「マンディアン」

パレットナイフ【palette knife】

モールドの余分なチョコレートを落としたり、コポーをつくったり、作業台からチョコレートを取るとき、あるいは、マーブル台の上でチョコレートをテンパリングするときなどに使います。

→「コポー」

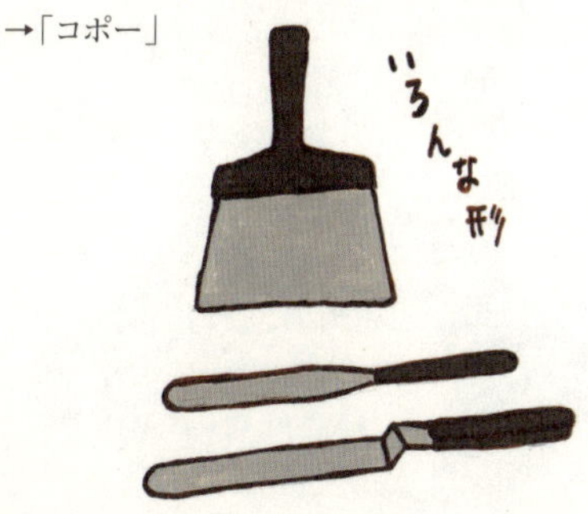

バレリーナ【ballerina】

体重制限の厳しい職業と言えばバレリーナ。太ってはいけないけれど筋肉の力は必要。とても食事に気を使います。バレリーナの森下洋子さん（1948年～）は、朝お稽古場に入ったら、夕方稽古が終わるまでほとんど何も食べずに、大好きなチョコレートをちょこっとつまむのだそうです。

ハロウィン【Halloween】

古代ケルトが起源とされるお祭りで、毎年10月31日に行なわれます。もともとは収穫のお祝いと悪霊を追い出す行事でしたが、アメリカなどでは、子どもたちがお化けや魔女などに仮装して「Trick or Treat（トリック オア トリート）」（「お菓子をくれないと、いたずらするよ」の意味）と言いながら、各家をまわる楽しいイベントになっていて、それぞれの家では、チョコレートやアメ、クッキーなどを配ります。日本でも9月から10月ごろになるとカボチャをランタンのようにくりぬいたハロウィンのシンボル、ジャック・オー・ランタンをかたどったかわいいチョコレートなどがお店に並びます。

バロタン【Ballotin】

プラリーヌ、ボンボンショコラなどの一口大のチョコレートを入れる紙の箱。台形を逆さまにしたような形をしています。1915年、ベルギーのチョコレートメーカー、ノイハウスで発案されました。数粒入る小さなものから、1kg用の大きなものまで、サイズはいろいろ。

→「ノイハウス」

パン・オ・ショコラ【pain au chocolat】

サクサクとしたクロワッサン生地で、バトンと呼ばれる棒状のチョコレートを包んで焼きあげたパン。フランス生まれといわれていて、南西フランスやカナダのケベック州ではショコラティーヌと呼ばれています。

バンホーテン【Van Houten】

1815年、オランダでチョコレート製造業社として創業し、2代目のクンラート・ヨハネス・ファン・ハウテンがチョコレートの四大発明のひとつにあげられるカカオパウダーとダッチング製法の発明をしました。ココアの歴史はバンホーテンの歴史、なのですね。

→「カカオパウダー」
「ダッチング」

バンホーテン

【(クンラート・ヨハネス・ファン・ハウテン)
Coenraad Johannes Van Houten】

1801-1887年。オランダ人科学者。世界で初めてカカオパウダーの特許を取得しました。カカオ豆からカカオバターの一部を取りのぞき、カカオパウダー(ココア)をつくることに成功。さらに、カカオパウダーにアルカリを加えて、お湯と混ざりやすくするダッチングと呼ばれる製法を発明しました。※1

→「ダッチング」「四大発明」

ビーントゥバー【bean to bar】

ビーントゥバーとは、カカオ豆からチョコレートになるまでのすべての製造工程を行うこと。数年前よりアメリカを中心に小規模のビーントゥバーの工房が登場し始めました。産地や品質など、カカオ豆選びからこだわることで、より質の高いチョコレートをつくり、提供しようというムーブメントです。会社規模の大小に関わらず、既製のチョコレートを購入して商品化するのではなく、カカオ豆の厳選、仕入れから、商品化するまでのすべての工程を一貫して行います。

ひえしょう【冷え性】

チョコレートに含まれるテオブロミンやポリフェノールには、毛細血管の流れをよくする働きがあります。そのため、チョコレートは冷え性によい、という説もありますが、チョコレートには身体を冷やすといわれる砂糖も含まれるので、チョコレートが冷え性対策になるかどうかは一概に言えません。

ひじょうしょく【非常食】

チョコレートは、保存ができ、カロリーもしっかりあるため、非常食としても便利です。賞味期限が長いので、普通に市販されているチョコレートを非常食として保存しているご家庭も多いかと思いますが、非常食用として賞味期限をさらに長くし、耐熱対策として糖衣して保存性の高いアルミ蒸着フィルムでパッケージしたものやチューブ式にしたものなどもあります。

ビターチョコレート【bitter chocolate】

カカオマスに、カカオバターと砂糖を加えたチョコレートで、ミルク（乳製品）は入っていません。カカオマスが成分の40～60%を占める、高カカオで苦味があるチョコレートです。スイートチョコレート、ブラックチョコレート、プレーンチョコレート、ダークチョコレートなどさまざまな名称があり、その区別は曖昧です。日本における チョコレート・ココアの製造工場の用語では、これをカカオリカー、チョコレートリカーと呼ぶこともあります。日本では、第二次世界大戦前後に、カカオマスのことをビターチョコレートと呼んでいた時期がありました。

→「スイートチョコレート」

ビチェリン【bicerin】

イタリアにある創業1763年の老舗「カフェ・アル・ビチェリン」で誕生した、ホットチョコレートとエスプレッソ、ミルクでつくられた温かいドリンク。同じ名前が付けられた、カカオとヘーゼルナッツでつくったジャンドゥーヤをベースにしたチョコレートクリームリキュールもあります。

→「ジャンドーヤ」

ピュアオリジン【pure origin】

→「シングルオリジン／シングルエステート」

ひょうたん【瓢箪】

アステカでは、チョコレートをヒカラと呼ばれる瓢箪製の杯を使って飲んでいました。

ピロリ菌【helicobacter pylori】

胃の中にあって、胃炎や胃潰瘍、十二指腸潰瘍などの原因といわれている病原菌。カカオポリフェノールとカカオに含まれる脂肪分の一部には、ピロリ菌の殺菌作用があるそうです。
※10

ひんしゅ【品種】

カカオ豆の品種の代表的なものといえば「クリオロ」「フォラステロ」「トリニタリオ」の3種ですが、それ以外にも多くの種類があります。それぞれに味や香りなどの特性は異なりますが、同じ品種でも、栽培される土地によってさらに個性が違います。その奥深さはコーヒー豆やワインと同じですね。

［クリオロ種］
もっとも貴重とされる品種で、クリオロとは、スペイン語で「その土地生まれ」という意味です。古代、メソアメリカで栽培されていたカカオはクリオロ種で、土着していた植物という意味でクリオロと名付けられたそうです。アステカ帝国のモンテスマ王が飲んでいたのもクリオロ種。香りがまろやかで、味もマイルドで品のある味わいですが、病害に弱く、栽培が難しいため、カカオ生産量の5%以下で、幻のカカオと呼ばれていたこともあります。
→「メソアメリカ」

［フォラステロ種］
フォラステロはスペイン語で「よそ者」という意味です。フォラステロ種はアマゾン周辺に起源があるという説があります。刺激的な香りで、苦味と渋み、酸味が強いのですが、病害に強く、栽培しやすいため、カカオ生産量の約90%近くを占めています。

［トリニタリオ種］
クリオロ種とフォラステロ種の交配によりできた品種で、トリニダードで誕生したことから、この名が付きました。両方のよい特性を併せ持ったハイブリッド種といわれています。生産量は全体の10%程度です。

ファットブルーム【fat bloom】

チョコレートの表面に脂肪の結晶ができてしまう状態です。テンパリング（温度調整）が適切に行われないと、カカオバターに含まれるさまざまな形の分子の再結晶化が均一にできず、遅く固まる分子が浮かび上がり、ファットブルームが起こりやすくなります。
→「テンパリング」「ブルーム現象」

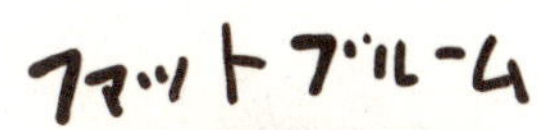

フィリップ・スシャール
【Philippe Suchard】

1797-1874年。1826年にスイスで2番目にチョコレート工場をつくり、「ミルカ」を創業した人です。工場ではスシャール自ら開発した機械を使っていましたが、その中には世界最初の撹拌機もありました。※1
→「ミルカ」

ふぃんがーちょこれーと
【フィンガーチョコレート】

細長いビスケットをチョコレートでコーティングしたお菓子。金紙や銀紙に包まれ指のような形から「フィンガーチョコ」の愛称で親しまれています。

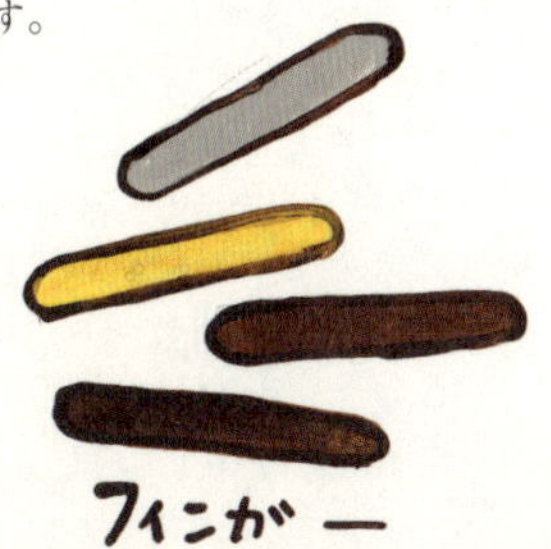

フェーブ・ド・カカオ【fève de cacao】

フランス語でカカオ豆のこと。
→「カカオ豆」

フェリペ2世【FelipeⅡ】

1527-1598年。カルロス1世の息子で、スペイン王。スペインのエルナン・コルテスがアステカ文明を征服し、カカオを持ち帰って献上したのがカルロス1世。その息子がフェリペ2世です。当時はチョコレートは門外不出で宮廷内でしか食されることのない貴重品でした。王太子の時、最初の妻としてポルトガル王女が嫁ぎ、その縁でポルトガル宮廷にもチョコレートが広まったと伝えられています。

フェレロ【FERRERO】

1946年、イタリアのピエモンテに創業した食品メーカーで、『ヌテラ』や『フェレロ・ロシェ』で有名です。
→「ヌテラ」「ロシェ」

歴史からひもとく

バレンタインデーとチョコレート

2月14日、今の日本では「チョコレートを贈る日」として定着していますが、そこに、日本独自の発展があったことをご存知でしょうか。

バレンタインデーの起源

バレンタインデーの起源は、ローマ時代に遡ります。もともと2月14日はローマの女神ユノの祝日でしたが、結婚するとローマ兵士の士気が落ちるということで、ローマ皇帝クラウディウス2世が兵士たちの結婚を禁止。キリスト教の司祭だったバレンタインは、ひそかに兵士を結婚させたため、捕らえられ、見せしめとして2月14日に処刑されました。そのため、この日を「恋人たちの日」とするようになり、愛するもの同士が贈り物をし合う習慣が生まれたというのが一般的な説です。

モロゾフが1936年に英字新聞に掲載したバレンタインデー広告（右）と箱入りのチョコレート（上）。美しく並んでいますね。

バレンタインチョコレートの先駆け

バレンタインデーに恋人同士がお互いに花やカードなどを贈り合う習慣はヨーロッパでは古くからありました。その延長でチョコレートもギフトのひとつとしてポピュラーになっています。イギリスのキャドバリー社がプレゼント用の箱を作って売り出したのが最初といわれています。ですからチョコレートをプレゼントすること自体は、日本だけの習慣というわけではありません。でも日本では「女性が男性に」「チョコレート（限定で）」を贈り、愛を「告白する日」というちょっと特殊な習慣として定着していますね。実はこれ、メーカーの戦略の結果なのです。

メーカーの努力でバレンタインデーは日本に広まった

日本ではまずモロゾフが1932年にバレンタインデー向けのチョコレートを発売。1936年には外国人向け英字新聞に初めてバレンタインデーの広告を載せました。
戦後は、1956年に不二家がバレンタインセールを開始。
1958年には、メリーチョコレートがデパートでバレンタインセールを行いましたが、3日間の間に売れたチョコレートはたったの3枚だったそう。悩んだ結果、翌年はハート型のチョコレートに相手の名前を入れるサービスを行い、「年に一度、女性から男性へ愛の告白を!」というキャッチコピーをかかげました。
その後、各メーカーも積極的にバレンタインキャンペーンを実施。バレンタインデーは"女性から男性へチョコレートをプレゼントする日"として定着したのです。
さらに、日本のバレンタインデーは発展。愛する人だけではなく、お世話になっている人や友人におくる"義理チョコ"などという習慣も生まれました。

不二家の「ハートチョコレート」
(写真は1959年のもの)。実は昭和生まれのわたくしRIKAKOにとって、ファーストバレンタインチョコでもある、思い出深い一品!

メリーチョコレートのバレンタインチョコレート1年目

翌年はハート形に

バレンタインチョコレートのいろいろなスタイル

最近では、女性が女性の友だちに贈る"友チョコ"や、自分へのご褒美に贈る"自分チョコ"、男性から女性に贈る"逆チョコ"など、バレンタインチョコレートの贈り方も多様化しているようです。独自の発展をした日本のバレンタインデー。美味しいチョコレートを贈りたい! 食べたい! という意識が根付いていることは間違いないですね。

友人同士で贈り合うことも

フォレノワール【foret-noire】

フランス語で「黒い森」を意味する名前のケーキ。もともとはドイツを代表するお菓子のひとつで、ドイツ語では「シュバルツバルダー・キルシュ・トルテ」といいます。チョコレート入りのスポンジに、ホイップクリームとキルシュに漬け込んだサクランボを重ね、全体をホイップクリームで被っています。しっとりとした食感のチョコレートケーキです。ドイツのシュバルツバルト地方の黒い森はサクランボの産地だそうです。

→「チョコレートケーキいろいろ」

フォンダン【fondant】

上掛け用のやわらかい糖衣のこと。煮詰めた砂糖シロップを撹拌しながら冷却すると、砂糖が結晶化した状態に仕上がります。チョコレートを加えたフォンダンは、エクレアやザッハトルテ、ドーナツなどの上掛けに使います。

フォンダンショコラ【fondant chocolat】

フォークで割ると、熱々のチョコレート生地の中からトロッとしたチョコレートが出てくるお菓子です。つくるときのポイントは、焼成時間を短く、中心部分は余熱で火を通すこと。フォンダン・オ・ショコラやショコラフォンダンと呼ばれることもあります。フォンダンはフランス語で「溶ける」という意味です。

ふじさん【富士山】

富士山の形を模したチョコレートは多くあります。世界文化遺産に登録されてからはとくに増えたようです。中でもメリーチョコレートの『富士山ミニチュアクランチチョコレート』やコータコートの『富士山プレミアム頂上バームクーヘンチョコ』などは、富士山好きも納得のきれいな形。

ふじせいゆ【不二製油】

自社独自のチョコレート用油脂を使った機能性チョコレートや、クーベルチュールなど、製菓・製パン用のチョコレートを製造、販売する食品メーカー。

ふじや【不二家】

ペコちゃんで知られる製菓会社。1910年創業、1935年にハート型チョコレートを発売、1956年にはバレンタインセールを実施しました。『パラソルチョコレート』や『ルックチョコレート』など、子どもに人気のチョコレートをつくり続けています。

→「ルックチョコレート」「パラソルチョコレート」「コラム:バレンタインデーとチョコレート」

ブッシュ・ド・ノエル【bûche de Noël】

フランス語でノエルは「クリスマス」、ブッシュは「薪」を意味し、フランスではクリスマスのケーキとして愛されています。ロールケーキの表面をチョコレートクリームで覆いフォークなどで筋を付けて木の樹皮のように見せます。このケーキの由来は、キリストが生まれるのを一晩中薪を焚いて待ったという伝承や、クリスマスプレゼントを買えなかった貧しい青年が、薪にリボンを結んで恋人に贈ったというエピソードにあるともいわれています。

→「クリスマスケーキ」

ふとる【太る】

チョコレートで太るか否か。答えはイエスでありノーでもあります。カカオポリフェノールは、脂肪貯蓄を抑えるといわれていますから、同量の油脂を含む他の食品よりは、太りにくいと考えられます。でも、チョコレートには砂糖も含まれているし、動物性脂肪が加わったものもあります。チョコレートで太るか痩せるかは、チョコレートの選び方と食べ方しだいのようです。※3※9

→「やせる」

ふ

フライ・アンド・サンズ社

【JS Fry & Sons】

初めて固形の食べるチョコレートをつくったイギリスのチョコレート会社。

→「ジョゼフ・ストアーズ・フライ」

ブラックチョコレート

【black chocolate】

「ビターチョコレート」のこと。

プラリーヌ【praline】

ベルギー、スイス、ドイツなどではモールドで型取ったチョコレートに、フィリングを入れた一口大のチョコレートをプラリーヌ、またはプラリネと呼びます。フランスでは「ボンボンショコラ」となります。ただし、フランスで「プラリーヌ」はアーモンドをローストしてキャラメルがけしたものを指します。

プラリネ【praliné】

アーモンドやヘーゼルナッツを、キャラメルがけして砕いたものや、ローラーがけしてペースト状にしたもの。ドイツ語のプラリネマッセ(pralinemasse)からきています。ドイツ、スイス、ベルギーでは、一口大のフィリングの入ったチョコレートを「プラリネ」と呼びます。

フランシスコ・エルナンデス

【Francisco Hernández】

1514−1584年。スペイン国王フェリペ2世に仕えた医師で、植物学者。フェリペ2世の命令でメソアメリカに渡り、1572-1577年までメキシコに滞在。アステカ族の協力者によって、カカオの木の一般名「カカワクアウイトル」を教えられたそうです。彼はメソアメリカの3000種以上の植物について、ナワトル語の名称と挿絵付き本にまとめましたが、残念なことにその原本は後に火事で焼失してしまいました。

フランソワ・ルイ・カイエ

【Francois-Louis Cailler】

1796-1852年。1819年にスイスで最初のチョコレート工場をつくった人物。イタリアのトリノにあるカファレル社でチョコレートづくりの技術を学び、彼の工場では自分で開発した機械類を使っていたそうです。ミルクチョコレートを生みだしたダニエル・ペーターは彼の娘婿です。

→「カファレル」「ダニエル・ペーター」

フランチェスコ・カルレッティ

【Francesco Carletti】

イタリアのフィレンツェの商人で、世界の海を旅していた人物。カルレッティの見聞録には、カカオ栽培や加工処理、モリニーリョを使った飲み物のつくり方までの工程が詳しく書かれていて、イタリアにチョコレートを伝えた人物と言われています。※1

→「モリニーリョ」

ブランデー【brandy】

ブランデーグラスを回しながら、チョコレートをひと粒。この組み合わせは、とくに男性に好まれるようです。ブランデーは、チョコレートケーキやボンボンにもよく使われますが、ブランデー入りのチョコレートを見ると、やっぱり素敵な男性への贈り物にぴったり! と思ってしまいます。

ブリア-サバラン【Brilla-Savarin】

1755-1826年。フランスの法律家、政治家で美食家。『美味礼賛』の著者で、チョコレートについて多くの興味深い言葉を残しています。「チョコレートを常用する人たちは、いつも変わらぬ健康を楽しみ、人生の幸福を妨げるちょいちょいした病気にあまりかからない人たちであり、かれらの肥満もたいして進行はしない」。「入念に整えられたチョコレートは健康的かつ美味な食品であり、滋養があって消化も良い」(『美味礼賛』ブリアーサヴァラン　関根秀雄、戸部松実訳　岩波クラシックスより)など。すごい賛辞ですね。

フリーダ・カーロ【Frida Kahlo】

1907-1954年。20世紀を代表するメキシコの女性画家。彼女の日記にある夫ディエゴ・リベラへの手紙には「古代メキシコの甘いチョコレート、口から入ってくる血液の中の嵐」となんとも官能的な言葉が書かれています。また、ナワトル語の文字でチョコレートを意味する「XOCOLATL」と書き込んだ板チョコか、あるいはそのパッケージに見える絵も描いていて、絵の上部からは葉や枝が生え出しているのです。この不思議な絵を見ていると、メキシコ人のフリーダにとって、チョコレートは精神の奥深くまで入り込んでいる存在なのだと感じてしまいます。

ブルーム現象【bloom】

ブルームとは、「花が咲く」という意味で、チョコレートの表面に斑点が出たり、白っぽくなったりする現象のこと。ブルーム現象には、ファットブルームとシュガーブルームがあります。ブルームが起きてしまったチョコレートは、口にしても問題はありませんが、残念ながら風味や舌触りは落ちています。が、捨ててしまうのはもったいない！　溶かしてチョコレートドリンクにしたり、料理の隠し味などにすると、美味しくいただけますよ。

→「ファットブルーム」「シュガーブルーム」

フルコース【full-course dinner】

バレンタインシーズンになると、レストランはチョコレートを使って工夫を凝らしたバレンタインメニューを考案します。デザートだけではなく、前菜やメインなど料理すべてにチョコレートを使ったフルコースメニューまであるのです。

プロフィットロール・オ・ショコラ

【Profiteroles au chocolat】

フランスの伝統的デザート。小さなシュー生地にアイスクリームを詰め、少し積み上げるように盛り付け、チョコレートソースを上から掛けたもの。

ペイラーノ【PEYRANO】

1915年、イタリアのトリノで創業のチョコレート店。伝統的製法を忠実に守り、現在までカカオ豆の焙煎からチョコレートづくりをしているビーントゥバーの老舗中の老舗です。

→「ビーントゥバー」

ぺっとときょこあれるぎー

【ペットとチョコアレルギー】

犬や猫などのペットは、チョコレートに含まれるテオブロミンを分解できないため、チョコレートを誤飲すると、アレルギー症状を引き起こし、最悪の場合は死んでしまう可能性もあるのです。「うちの子は、チョコレート大好きで、食べてもぜんぜん大丈夫」といっている飼い主さんもまれにいますが、アレルギー症状を起こすかどうかには個体差があり、体重によっても違います。動物と暮らしている人は、誤飲を避けるためにも、チョコレートはしっかり保管しましょうね。

べっどさいどちょこ【ベッドサイドチョコ】

チョコレートを眠る前に食べると眠れなくなるか否か。たしかにチョコレートはカフェインが入っているし、とくに高カカオチョコレートだと目が覚めるかもしれません。でも、ヨーロッパの高級ホテルではベッドサイドにチョコレートが置いてあって、これは眠る前にひとついかが、という意味のようです。カカオに含まれるギャバには神経を落ち着かせる作用もありますし、お国によっては、チョコレートはリラックスするための食べ物、という意識があるのですね。

→「カフェイン」「ギャバ」

へんずつう【偏頭痛】

チョコレートには、偏頭痛誘発物質の一種となるチラミンが含まれているため、頭痛の原因になるといわれることがあります。
→「チラミン」

ぽすたー【ポスター】

ポスターは大正から昭和初期にかけて広告の花形でした。たとえば森永製菓の場合はこの時代、単に商品名をアピールするのではなく、チョコレートという西洋のお菓子に象徴される新しい時代の息吹きを感じさせる斬新さと、品質の高さにふさわしい上品で質の高いデザインのものが多く見られました。

画像提供／森永製菓

ほぞんほうほう【保存方法】

一般的なチョコレートの保存は16～22℃が適温で、湿気が少なく、日光の当たらない場所で、常温保存するのがベスト。ただし、高温多湿の夏場は冷蔵庫を利用します。ただし庫内は温度が低すぎ、匂いも移りやすいので、アルミホイルなどで包み、ジップ付きの袋や容器に入れ密閉状態で保存します。冷蔵庫から出してすぐのチョコレートは冷えすぎているので、室温に戻して食べると、なめらかな口溶けが楽しめます。ワインセラーも良いですが、その場合も密閉して保存します。ガナッシュの入ったチョコレートや生チョコは、15～18℃が適温ですが、ものにより要冷蔵タイプもあるので、お店で確認しましょう。基本的にチョコレートは長期保存ができますが、開封したら早めに食べた方が美味しいです。→「ワインセラー」

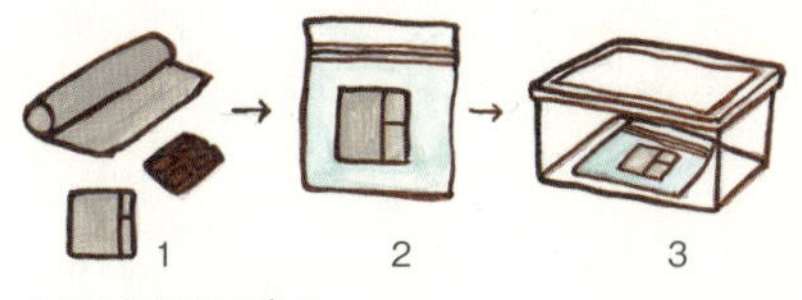

1.アルミホイルで包む。
2.ジップ付きの袋に入れる。
3.缶や密封容器に入れる。

ぽっきーちょこれーと【ポッキーチョコレート】

江崎グリコから、1966年に発売されたチョコレートスナック。先に発売されていた人気スナックの『プリッツ』に、チョコレートをかけたらおいしいのでは? と開発されたそうです。持つところを残してあるので、手を汚さずに食べられるのが特徴。昭和50年頃は、ブランデーやウイスキーグラスに氷を浮かべて、ポッキーをマドラー代わりにする「ポッキーオンザロック」が流行りました。
→「ミカド」

ぽてとちっぷちょこれーと

【ポテトチップチョコレート】

ポテトチップの片面にチョコレートをかけたロイズのお菓子。塩味と甘みのバランスが絶妙なクセになる味わいです。

→「ロイズ」

ポリカーボネート【polycarbonate】

チョコレートの型（モールド）の素材。ポリカーボネート製のモールドは、耐熱性、耐冷性が高く、丈夫で長持ちします。大きなチョコレート工場でもポリカーボネート製が使われています。モールドの素材は、昔は鉛中心の鋳型が多かったようですが、その後ベークライト型になり、そして現在はポリカーボネート製が主流です。シリコン型などもあります。

→「モールド」

ポリフェノール【polyphenol】

赤ワインに含まれることで有名ですが、チョコレートもカカオポリフェノールが豊富です。がんや動脈硬化など、さまざまな病気の原因といわれる活性酸素の働きを抑える成分として注目されています。

→「カカオ豆」

ホローチョコレート【hollow chocolate】

中が空洞になったチョコレートで、中に模型が入っていることが多いです。イースターエッグは有名ですが、人形や動物、果物など、さまざまな立体型でつくられます。

ポワール・ベル・エレーヌ

【poire belle-hélène】

バニラアイスの上に、シロップで煮た洋梨を乗せて、暖かいチョコレートソースをかけたデザートのこと。ジャック・オッフェンバックのオペレッタ『美しきエレーヌ』（ベルエレーヌ）へのオマージュとしてつくり出されたデザートのため、この名前が付けられたと伝えられています。

ホワイトチョコレート【white chocolate】

カカオバター、砂糖、乳製品が主な成分。カカオの褐色成分（カカオマス）を含まないため、独特の乳白色をしています。気になるのは、カカオマスを含んでいないホワイトチョコレートをチョコレートと呼べるのか、ですが、日本には、「チョコレート類の表示に関する公正競争規約」という独自の基準があって、そこではカカオの含有量でチョコレートを分類しています。カカオ分は、カカオマスとカカオバターの合計ですから、カカオマスを含まなくてもカカオバターが基準に達していれば、チョコレートと呼べるのです。日本では、1968年に六花亭がはじめてホワイトチョコレートを発売しました。

→「六花亭」

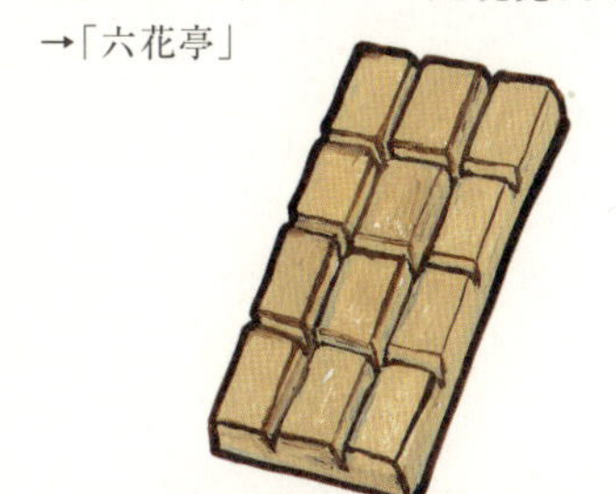

ボワゼット【boisette】

チョコレートを木目やストライプ状にする道具。とかしたチョコレートに溝のある面を押し付けてスライドさせて模様をつけます。ボワゼットとは、フランス語で木肌の意味。ペーニュとも呼びます。

ポワソン・ダブリル【poisson d'avril】

4月1日のエープリルフールのことを、フランスでは「ポワソン・ダブリル」（4月の魚）といってお祝いします。この魚はサバを指していて、サバはあまり頭がよくないので4月になると簡単に釣れることに由来するとか。由来を聞くとあまりうれしくはありませんが、この日には、魚の形をしたパイやケーキ、チョコレートを食べてお祝いします。きれいな色をつけられたチョコレート、かわいいですよ。

ほんめいちょこ【本命チョコ】

「義理チョコ」の反対。片思いの状態で本命チョコを贈る場合、手づくりチョコの方が思いが伝わりやすいかどうかは不明。ちなみに、思いが伝わりやすいというのは「本気度が伝わる」ということで「両思いになれる」という意味ではありません。

→「コラム：バレンタインデーとチョコレート」「義理チョコ」「手づくり」

ほ

読むだけで美味しい？

文学の中のチョコレート

チョコレートが出てくる作品や
チョコレートと深い関わりのある人物をご紹介します。

『愛の林檎と燻製の猿と―禁じられた食べものたち』

（スチュワート・アレン作　渡辺 葉訳／集英社）

食への誘惑や欲望、タブーについて、キリスト教の7つの大罪になぞらえて考察した、世界の食文化についての本。チョコレートは「煩悩」の項に入ってます。サド侯爵の性欲と結びつけて語られたりしているので、この本を読んだ後にチョコレートを食べると、ちょっと自分が罪深い人間のように思えてしまいます。

『赤毛のアン』

（ルーシー・モード・モンゴメリ作　村岡花子訳／新潮文庫）

想像力豊かな孤児アン・シャーリーが、マシューとマリラの兄妹に引き取られグリーン・ゲーブルズで成長していく様子を描いた物語。マシューがマリラに内緒でおみやげに買って帰ったチョコレートキャラメル。それを味わうアンの描写が、ほんとうに美味しそうなのです。

エルキュール・ポワロ

【Hercule Poirot】

ベルギー人の名探偵、エルキュール・ポワロはチョコレートが大好き。作中にもチョコレートがたびたび登場しています。

『第三の女』

（アガサ・クリスティー作　真崎義博訳／ハヤカワ文庫）

『第三の女』（アガサ・クリスティー 早川書房）の冒頭では、チョコレートドリンクとブリオッシュを朝食にしている様子が語られています。頭脳明晰な人とチョコレートって合うんですよね。

『チョコレートの箱』

（『ポアロ登場』収蔵）

（アガサ・クリスティー作　真崎義博訳／ハヤカワ文庫）

エルキュール・ポワロシリーズの一篇。ピンクの本体に青い蓋のチョコレートの箱と青い本体にピンクの蓋のチョコレートの箱が事件の鍵を握っています。

『チョコレート・アンダーグラウンド』

（アレックス・シアラー作　金原瑞人訳／求龍堂）

舞台は、イギリス。健全健康党に支配される世界では、チョコレート禁止法が発令されています。主人公のハントリーとスマッジャーは地下チョコバーをはじめることにします。チョコレート好きな人はこんな社会に納得できない！とすぐ共感しますが、禁じられたチョコレートを「自由」と置き換えて読めば、多くの人が納得できる内容です。チョコレートをモチーフに壮大な物語が展開します。

『ヘンゼルとグレーテル』

（グリム兄弟作　植田敏郎訳　グリム童話集Ⅱ／新潮文庫）

グリム童話の『ヘンゼルとグレーテル』に出てくるお菓子のお家は、壁はパンで屋根はお菓子で、窓はぴかぴかの砂糖でできています。チョコレートを使っているという記述はないのですが、実際に家庭でお菓子のお家をつくるときには、屋根や壁に板チョコを使うと便利です。パーツがしっかりしているのでつくりやすいし、見た目もレンガのお家みたいに仕上がります。

板チョコを使うとつくりやすい

『チョコレート工場の秘密』

（ロアルド・ダール作　柳瀬 尚紀訳／評論社）

映画『チャーリーとチョコレート工場』の原作。映画のイメージとタイトルからして児童書のイメージがありますが、なかなかブラックジョークが効いているので、大人が読んでも充分面白い。その分、子どもには苦味がちょっと強すぎるかもしれません。

『チョコレート戦争』

（大石真作　北田卓史絵／理論社）

街一番のケーキ屋の看板を割ったという濡れ衣を着せられた子どもたちが復習を企む冒険物語。タイトルの「チョコレート戦争」という響きだけでワクワク感がかき立てられます。子どもがチョコレートの城を盗み出す計画を立てたり、大人が反省してケーキをプレゼントすることになったり、とちょっと不思議な展開もありつつ、ストーリーの軸は案外道徳的で、子ども心に正義とは何かと考えさせる物語です。

『チョコレート語訳 みだれ髪』

（俵万智／河出書房新社）

与謝野晶子の『みだれ髪』を歌人の俵万智さんがチョコレート語、つまり現代語版に訳した短歌集。溢れ出る情熱をチョコレート語に訳すとこうなるのか、という新鮮さがあります。

たわら・まち

【俵万智】

1952年生まれの歌人。最初の短歌集『サラダ記念日』でブレイク。3作目の短歌集『チョコレート革命』のタイトルは「男ではなくて大人の返事する君にチョコレート革命起こす」の歌からつけられたそうです。与謝野晶子の『みだれ髪』を『チョコレート語訳みだれ髪』に歌い直したり、森永製菓の『ラブメッセージ短歌』の選者をつとめました。1998年開設の公式サイト名は『俵万智のチョコレートBOX』。チョコレート、きっとお好きですよね。

『プカプカチョコレー島』シリーズ

（原ゆたか作・絵／あかね書房）

原ゆたかの児童文学シリーズ。ビター博士が発明したチョコレート製の島、チョコレー島で旅をする冒険物語。小学校低学年向きですが、大人が読んでもドキドキします。だって、チョコレートの島が溶けてしまわないかと心配になってしまうのです。

なつめ・そうせき

【夏目漱石】

1867−1916年。日本を代表する小説家夏目漱石は大の甘党だったとか。作品の中にも、たびたび甘いものが登場。チョコレートを塗ったカステラも『こころ』と『虞美人草』に出てきます。『こころ』では、奥さんが主人公の「私」に紙に包んで渡してくれます。チョコレートの色を鳶色と表現しています。

作中に登場

ま

マース【Mars】

マース社は1911年アメリカのワシントン州で創業。1923年に麦芽の香りのヌガーとキャラメルをミルクチョコレートでコーティングした『ミルキーウェイ®』を発売。その後も、『スニッカーズ®』や『エムアンドエムズ®』など、アメリカを代表するチョコレートをつくりだしています。

まーぶるだい【マーブル台】

製菓作業に適した作業台。大理石でできているので、温度が変わりにくく、チョコレートの作業がしやすいのです。

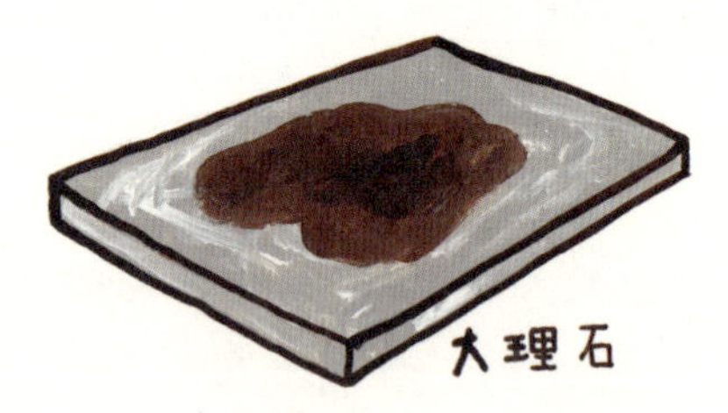

まーぶるちょこれーと

【マーブルチョコレート】

1961年、7つの色が揃ったチョコレートとして明治が発売。初期のテレビCMには、上原ゆかりが扮するお団子ヘアのキュートな『マーブルちゃん』を起用し、注目を浴びました。シールのおまけつきで、発売当初は『鉄腕アトム』シリーズでした。写真は発売当時のパッケージです。

マイケーファーと
マリエンケーファー

【maikäfer marienkäfer】

ドイツ語で、マイケーファーとはコガネムシ、マリエンケーファーはテントウムシを意味します。ふたつともドイツではラッキーアイテムとされていて、5月になるとお菓子屋さんの店先には、この虫たちの姿をしたチョコレートやケーキがずらりと並びます。

マカデミアナッツチョコレート

【macadamianuts chocolate】

マカデミアナッツがゴロンと入ったチョコレートで、ハワイのお土産の定番。

マカロン【macaron】

卵白と砂糖を固く泡だてたメレンゲにアーモンドパウダーを混ぜて焼きあげた生地に、クリームなどをはさんだお菓子。チョコレート専門店でもマカロンを定番商品にしているところが多く、生地にチョコレートを混ぜ込んだり、生地の間にガナッシュ、マジパン、バタークリームをはさんだものなど、お店によってそれぞれ個性があります。ホロッと崩れる表面と柔らかさを持ち合わせた生地に、濃厚なチョコレートがたっぷりはさまれているマカロン。口の中でチョコレートがとろける瞬間はなんともいえない美味しさです。

マグネシウム【magnesium】

カルシウムとともに骨などの形成に必要なミネラル。カカオ豆100gには、マグネシウムが356.0mg%が含まれます。※2

マストブラザーズ

【MAST BROTHERS】

2007年創業のニューヨークのブルックリンにあるビーントゥバーのチョコレート店。保存料やバター、油などは使わず、基本的にはカカオと甘蔗糖を使用しオーガニックな製法でつくっています。フレーバーごとに異なる包装紙で包まれた美しいパッケージもすてきです。

→「ビーントゥバー」

マヤ文明【Mayan civilization】

中央アメリカのグアテマラからユカタン半島にかけて栄えたマヤ族の古代文明。紀元前後にはじまり、4～9世紀にかけてもっとも繁栄し、その後衰退。16世紀にスペインにより植民地化されました。言語はマヤ語で、天文学、暦、象形文字など非常に高度な文化が発達、巨石建造物をつくり、神権政治が行われていました。現存する象形文字のなかには、カカオについての記録も多く残っています。マヤの壷絵には、宮廷で女性が器から器へとチョコレートを注ぎ入れて、泡立てる様子も描かれています。マヤに続くアステカでは、チョコレートは水に溶かれて飲まれていましたが、マヤ文明崩壊後のマヤ族に熱いチョコレートを飲む風習が残っていることなどから、水ではなくお湯で溶かれていたのでは、と考えられています。

ま

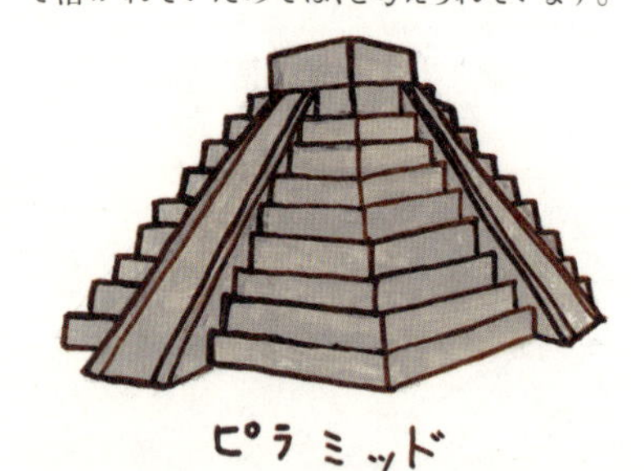

マリー・テレーズ・ドートリッシュ

【Marie Thérèse d'Autriche】

1638-1683年。スペイン王フェリペ4世の娘で、フランスのルイ14世の王妃となりました。スペイン生まれのこの王妃と彼女の侍女たちがチョコレートを常飲していたため、フランス宮廷にチョコレートが広がったといわれています。

→「ルイ14世」

マリー・アントワネット

【Marie Antoinette】

1755-1793年。フランス国王ルイ16世の王妃。贅沢が大好きで、国民が貧しく食べるものに困っていると聞くと「パンがなければ、ケーキを食べればいいじゃない？」と語ったという話はあまりにも有名ですが、実際の王妃は意外なほど質素で、朝食は、コーヒーかチョコレートだけだったとか。また、薬が苦くて飲めないとこぼしていたアントワネットのために、ルイ16世の王室薬剤師でもあったチョコレート職人が、チョコレートで薬を包み込んで飲みやすくした、というエピソードも伝えられています。

マルキ・ド・サド【Marquis de Sade】

1740-1814年。サディストという言葉の由来にもなったフランスの貴族で小説家。肉体的な快楽をとことん追求した彼の好物がチョコレートでした。虐待と放蕩のため、刑務所や精神病院に入れられたサド侯爵は、たびたびチョコレートの差し入れを妻に要求していたとか。それも、かなりの量と種類。チョコレートは抑えがたい情熱をかきたてる食べものだったそうです。※4

マルセル・デュシャン【Marcel Duchamp】

ダダイズムを代表する芸術家、マルセル・デュシャンは、チョコレートグラインダーを作品のモチーフとして繰り返し登場させています。1913年作の『チョコレートグラインダー』はおそらくチョコレートショップのショーウインドーで見かけた機械をそのままキャンバスに描いたもの。そして、1915年から1923年にかけて制作された、デュシャンの代表作のひとつ通称『大ガラス』（正式名称は『彼女の独身者によって裸にされた花嫁、さえも』）。いくつものパーツから成り立つこの大作についてデュシャンは「ローラーのチョコレートは、どこから来るのかさっぱり分からないが、粉砕のあと自らミルク・チョコレートとなる…」と、メモを残しています。

『デュシャン』（新潮美術文庫49）（マルセル・デュシャン著　日本アート・センター編　中村祐介解説　新潮社刊）では、表紙にもなっています!

マンセリーナ【mancerina】

ソーサーに立襟状の輪が付いているチョコレートカップ。スペインのマンセラ侯爵が命名したといわれ、ある宴会の席で女性がチョコレートをドレスにこぼしてしまったのを見て、カップをお皿に固定するこの形を職人につくらせたのが始まりとされています。

→「チョコレートカップ」

マンディアン【mendiant】

ナッツやドライフルーツをトッピングしたチョコレート。マンディアンとは、フランス語で托鉢僧の意味で、もともとナッツとフルーツの色は、4つの修道会の僧衣の色に由来しています。アーモンドはドミニコ会（白）、ヘーゼルナッツはカルメル会（茶褐色）、ドライイチジクはフランシスコ会（灰色）、レーズンはアウグスチノ会（濃紫）です。現在は、この4種以外のトッピングでもマンディアンと呼ばれます。

ま

ミエル【miel】

ミエルはフランス語でハチミツの意味。ハチミツを使ったチョコレートによく付けられる名前です。ハチミツは蜜を採る花の種類によって、味の個性も違うので、どのハチミツを選ぶかでチョコレートの風味も違ってきます。

ミカド【MIKADO】

「ポッキー」と同じような形状のヨーロッパバージョンです。1982年、江崎グリコがフランスの製菓メーカー「モンデリーズ社」との合弁会社で生産しています。「ミカド」という製品名は、細い竹ひごを崩さずに引き抜いていくMIKADOというゲームの名前に由来しているそうです。

→「ポッキーチョコレート」

ミクロン【micron】

チョコレートの、液体よりも濃厚なとろりとした独特のなめらかさには、科学的な理由があるのです。チョコレートの粒子は、約20ミクロン（1mmの1/50）。この大きさは、人間の舌が感じられるざらつきの最小単位といわれているもの。小さな粒子をつくりだすために磨砕作業を繰り返すことで、チョコレート粒子1gあたりの表面積の合計は1㎡にもなるそうです。ミクロン単位の細かさが、チョコレートの美味しさの秘密なのです。

みぞのひみつ【溝の秘密】

チョコレートの溝は、割りやすいため、と思っている人が多いのではないでしょうか。実はそれだけではありません。製造上の理由もあります。チョコレートを型に流し込んで固める際、チョコレートの型とチョコレートが面する表面積を大きくすることで、早く均等に冷えて固まるのです。

表面積

ミネラル【mineral】

チョコレートの原料、カカオ豆にはカリウムやカルシウム、マグネシウムなど、体の機能の維持や調節に必要なミネラル成分を多く含んでいます。カカオの配合率が多いチョコレートほど、ミネラル成分も高くなります。※2

ミルカ【Milka】

紫色のパッケージに紫色の牛がトレードマーク。種類が豊富で、ヨーロッパではほとんどのスーパーに置いてあり、だれでも一度は食べたことがあるといってもいいほどポピュラーなチョコレートです。誕生したのはスイスですが今や半分以上がドイツ工場で生産されており、ドイツの国民的チョコレート菓子といってもいいくらいの存在。

ミルクチョコレート【milk chocolate】

カカオマス、カカオバター、砂糖に、乳製分を加えたチョコレートのこと。全脂粉乳、脱脂粉乳などが使われます。

ちなみに、ミルクチョコレートはスイスで誕生しました。

→「ダニエル・ペーター」

チョコレートを大衆化した男

ミルトン・ハーシー 【Milton S.Hershey】

1857-1945年。アメリカのチョコレートメーカー、ハーシーの創業者。15歳のとき菓子職人の見習いとなり、やがて自分の店を持つようになりました。アメリカ万国博覧会でチョコレートを大量生産する機械類と出合い、1894年、当時経営していた「ランカスター・キャラメル社」の子会社を「ハーシー・チョコレート・カンパニー」として設立し、自らも大量生産をスタート。贅沢品であったチョコレートはこうして一般消費者にも手に入りやすくなり、子どもたちの大好きなお菓子となったのです。ペンシルバニア州デリー郡にチョコレートとココアの工場、さらにはデパートや銀行、動物園、ホテルまである「チョコレートの町ハーシー」を築くなど地域社会にも大きく貢献してきました。

→「ハーシー」

ミルトン・ハーシー・スクール

【The Milton Hershey School】

ミルトン・ハーシーは1909年に孤児のための学校「The Hershey Industrial School for Orphans」を設立しました。これが現在の「The Milton Hershey School」の前身。ミルトン・ハーシーは学校の運営のために6000万ドルの私財を投じて信託基金とし、この基金によって現在も学校を運営しています。この学校は1800人以上の恵まれない子どもたちのために住居や学費、医療費を無料で提供しています。そしてハーシー社の利益の一部はこの学校に寄付されることになっているそうです。

(上)1913年のミルトン・ハーシーと子どもたち。
(下)現在のミルトン・ハーシースクール。

ミントチョコレート【mint chocolate】

ミント味のペーストをはさんだり、生地に練り込んだチョコレート。これを美味しいと感じるようになったら、大人になった印でしょうか。

ムース・オ・ショコラ

【mousee au chocolat】

チョコレートムースのこと。ムースとはフランス語で「泡」という意味。口の中で、フッと溶けるようななめらかな食感をしているデザート。フランスでは家庭菓子として、家で気軽につくることも多いそうです。

むしくだし【虫下し】

第2次世界大戦が終わって間もない1948年、「アンテルミンチョコレート」が発売されました。これは、寄生虫の駆虫薬いわゆる虫下しです。当時は衛生状態も悪く、寄生虫のいる子どもが多かったそうですが、その寄生虫を駆除する薬があまりにもまずくて、口にできなかったため、チョコレート風味にして売り出しました。といっても、当時本物のチョコレートは入手できなかったため、ココアをでんぷんからつくったぶどう糖に溶かしたものが使われたそうです。

→「グルチョコ」「代用チョコレート」

むしば【虫歯】

虫歯になりやすそうな食べ物リストの上位に位置するチョコレートですが、カカオ成分そのものには、虫歯菌を抑える作用もあるそうです。ただし、チョコレートには、砂糖も含まれるので、食べたらやっぱり歯磨きは必要。ちなみに、チョコレートの製造過程で出るカカオ豆の皮部分、カカオハスクは、歯磨きにまぜると虫歯予防に効果があるという報告もあります。

→「カカオハスク」

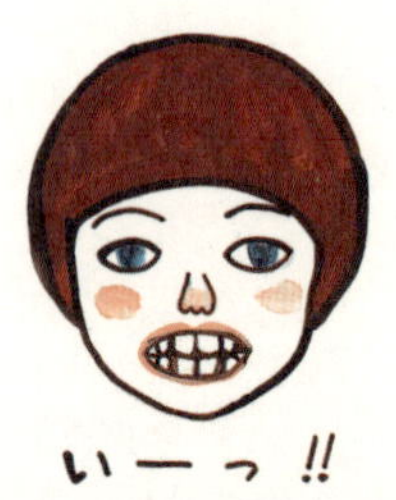

めいじはいみるくちょこれーと

【明治ハイミルクチョコレート】

『明治ミルクチョコレート』の同シリーズに赤いパッケージが目印の『明治ミハイミルクチョコレート』もあります。こちらはミルクチョコレートよりも、さらにミルク感のある味わいです。写真は1962年発売当時のものです。

めいじみるくちょこれーと

【明治ミルクチョコレート】

1926年発売の明治のチョコレート。手塚治虫など、多くの文化人に愛されてきました。発売当初の価格は、大きさにより10銭、20銭、70銭の3種類。白米10kgが3円20銭、たい焼き1個1銭5厘の時代ですから、高価なお菓子でした。実は、このチョコレート、発売当初から現在に至るまで、レシピは一切変更していません。時代に合わせて原材料の品質が向上していますが基本的なレシピはそのまま。写真は1926年当時のパッケージです。

→「手塚治虫」「巨大看板」

メイラード反応 【maillard reaction】

糖分とアミノ酸やタンパク質を加熱したときに起こる、褐色物質を生み出す反応のこと。「褐変反応」とも呼びます。カカオ豆を焙煎することによってメイラード反応が起こり、チョコレート独特の香りや風味、色が現れてくるのです。

めきしこのちょこれーとどりんく

【メキシコのチョコレートドリンク】

カカオの原産地で、マヤ、アステカ文明の栄えた土地メキシコでは、チョコレートドリンクのチョコラーテが日常的に飲まれています。カフェでは、シナモン入りのメキシコ式をメヒカーナ、カカオが濃厚で甘さ控えめものをエスパニョーラ（スペイン風）、カカオが控えめで甘みが強いものをフランセサ（フランス風）と呼んでいるそうです。

メソアメリカ 【Mesoamerica】

スペイン侵略以前の、メキシコと中央アメリカ北部で、マヤ、アステカなどを含む高度な古代文明圏のこと。地理的には、メキシコ南半部、グアテマラ、ベリーズ、エルサルバドルの全域、ホンジュラス、ニカラグア、コスタリカの西部を指します。

メダル 【medal】

メダル型をしたチョコレートで、見た目は「コインチョコ」と似ていますが、首にかけられるよう、ヒモ付きのものもあります。

めりーちょこれーと 【メリーチョコレート】

1950年創業の製菓メーカーで、横顔の女の子メリーちゃんのシルエットがトレードマーク。1958年からバレンタインセールを行い、女性が男性へ愛をこめてチョコレートを贈る日、という日本独自のバレンタインデーの習慣の定着に大きく貢献しました。さらに最近では、東大と協力し、伊豆の温泉の熱を利用したハウスでのカカオ栽培にも取り組んでいます。

→「温泉」

モーツァルト【Wolfgang Amadeus Mozart】

1756-1791年。ザルツブルク生まれの音楽家モーツァルトは、『コシ・ファン・トゥッテ』など自作のオペラの中でもチョコレートを登場させています。彼とチョコレートのイメージの結びつきは強くて、モーツァルトクーゲルに代表されるチョコレートやチョコレートリキュールなど、モーツァルトの名前の付いたものがいくつもあります。きっと本人も好きだったのでしょうね。

モーツァルトクーゲル【Mozartkugel】

19世紀末、オーストリア・ザルツブルクの菓子職人パウル・フュルストがつくりだしたひと口サイズのチョコレートで、ザルツブルク出身のモーツァルトにちなんで名付けられたそうです。いろいろな会社が同じ名前のチョコレートを次々に発売し、いまやオーストリア、ドイツのお土産の定番となっています。いずれのチョコレートも銀紙にモーツァルトの肖像画が描かれています。

モーレ【mole】

モーレ（モレとも呼ぶ）といえば、日本ではチョコレートを使ったソースと思われているようですが、メキシコではモーレはソースという意味で、チョコレートソースのことは、モレ・ポブラノといいます。唐辛子などの香辛料やニンニク、ナッツ、チョコレートを合わせたソースで、このモレ・ポブラノを使ったメキシコの伝統料理が七面鳥を使ったパボ・イン・モレ・ポブラノです。七面鳥の代わりに鶏肉を合わせても美味しいそうです。

モールド【mold】

チョコレートの形をつくる型。形や素材、大きさもさまざま。それぞれの型でつくったチョコレートを合わせて立体的なチョコレートにする2枚1組のモールドもあります。復活祭の時にみかける「イースターエッグ」や「イースターバニー」は、このようなモールドを使ってつくられます。

もなりざはちょこのいろ

【モナリザはチョコの色】

「Suica」のペンギンキャラクターで知られる坂崎千春さんの絵本『美術とあそぼう! チューブくん絵本 モナリザはチョコの色』(美術出版社)の中で、あのレオナルド・ダ・ヴィンチの『モナリザ』は、ブラウン系が主体のまろやかな雰囲気の絵なので、ピスタチオをミックスしたチョコレートの味わい、と表現されています。

もりながみるくちょこれーと

【森永ミルクチョコレート】

1918年発売の森永製菓のチョコレート。カカオ豆からチョコレートになるまで、日本ではじめて一貫製造された歴史的な存在のチョコレートです。

もりながせいかかぶしきがいしゃ

【森永製菓株式会社】

1899年創業の製菓メーカー。創業者、森永太一郎のもと、日本で初めてカカオ豆からチョコレートをつくる一貫製造をスタートさせました。販売店の看板やポスター、新聞広告、電車広告などの宣伝活動を積極的に行い、チョコレートは高級品というイメージから、一般の人にも愛されるお菓子へとすそ野を拡げていきました。国産第一号の『森永ミルクチョコレート』のほか『チョコボール』『小枝』などロングセラー商品の数々を生み出しています。

もりながせいようがしせいぞうしょ

【森永西洋菓子製造所】

1899年、森永太一郎がアメリカから帰国して創業。1912年に森永製菓株式会社に改称している。

もりなが・たいちろう【森永太一郎】

1865年－1937年。森永製菓の創業者。アメリカで西洋菓子の製法を学び、帰国後1899年に森永製菓の前身となる森永西洋菓子製造所を創業しました。日本に西洋菓子を普及させるという夢を抱き、マシュマロやキャラメルの製造販売を開始して、1918年、日本で初めてカカオ豆からチョコレートをつくる一貫製造販売を開始。翌1919年には1枚10銭のミルクチョコレートを発売し、日本のチョコレートの大衆化の先駆けとなりました。これは日本のチョコレートの歴史の礎となる出来事でした。

もりにーりょ【モリニーリョ】

チョコレートをかき混ぜる棒で、棒の先に松ぼっくりがついたような形をしています。チョコレートはもともと液体で、粒子が粗いものでしたが、そのざらつきをごまかすために、よく泡立ててから飲まれていました。アステカでは、器から器へと勢いよく注ぎこんで泡を立てていましたが、スペインにチョコレートが伝わると、効率的に泡だてるために考えだされたのがモリニーリョ。チョコレートポットとセットで使うもので、ポットの蓋から突き出たモリニーリョを回転させながら上下に動かして、かき混ぜます。

→「チョコレートポット」

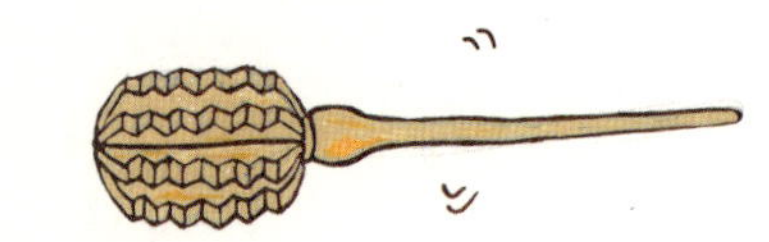

もりまり【森茉莉】

1903-1987年。森鷗外の娘で作家の森茉莉は、『貧乏サヴァラン』(ちくま文庫)の嗜好品についての章で「まずチョコレエト」と最初にあげるほどチョコに心酔。毎日1枚のイギリス製チョコを買いに下北沢駅前のマーケットへ通っていたそうです。板チョコを細かく砕いて、その上に角砂糖をすりおろし、チョコレートドリンクをつくることもあったとか。お金はかけなくても手間をかける森茉莉の贅沢貧乏な暮らしに、チョコレートは欠かせなかったようです。

もろぞふ【モロゾフ】

1931年、神戸で創業した老舗洋菓子メーカー。1932年いち早くバレンタインチョコレートを発売し、1936年には英字新聞、ジャパンアドバタイザーに日本で初めてバレンタイン広告を掲載し、日本のバレンタインデー文化をスタートさせました。

→「コラム:バレンタインデーとチョコレート」

モンテスマ2世【MoctezumaⅡ】

アステカの第9代王(在位1502-1520年)。別名チョコレート王。アステカ帝国ではカカオ豆は貨幣として使われていたほど貴重なものでしたが、宮殿では彼のために1日50杯ものカカワトルとよばれるチョコレートドリンクが用意されていたそうです。※1

→「カカワトル」

映画の中のチョコレート

チョコレートは、映画の中に主役、名脇役、ときには「隠し味」として登場しています。ここでは、RIKAKOお気に入りの映画をご紹介しますね。

※このページの製品情報は、2016年4月現在のものです。
一部の情報につきましては、変更している場合がありますが、ご了承ください。

『チャーリーとチョコレート工場』

ティム・バートンの描くチョコレートの不思議な世界

ロアルド・ダールの『チョコレート工場の秘密』をティム・バートンが映画化。お菓子づくりの天才ウィリー・ウォンカのチョコレート工場に、ゴールデンチケットを手にした5人の子どもとその保護者だけが招待されます。不思議な工場を巡る冒険のわくわくドキドキ感と映像の美しさは、何度観ても色褪せない魅力です。

ウォンカチョコ

ウィリー・ウォンカの極秘製法でつくり出されるタブレットチョコレート。英語版では、「candybar」と呼ばれています。チョコレート工場への招待状ゴールデンチケットは、このチョコレートに仕込まれています。

ウンパルンパ

人間不信に陥ったウィリー・ウォンカがルンパランドで出会った仕事のパートナー。カカオが大好きで、ダンスがお上手。

『チャーリーとチョコレート工場』
(2005年・アメリカ)
監督:ティム・バートン
出演:ジョニー・デップ、フレディ・ハイモア、デイビッド・ケリー
ワーナー・ブラザース ホームエンターテイメント

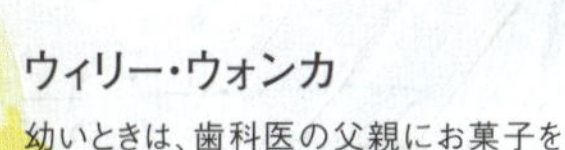

ウィリー・ウォンカ

幼いときは、歯科医の父親にお菓子を禁じられていて、ハロウィンにもらったお菓子までもすべて燃やされていました。しかし、燃え残ったチョコレートを口にして以来、チョコレートとともに生きることを決意。天才的な発想で続々と夢のようなお菓子をつくり出します。スパイによりレシピを盗まれ、人間不信になりますが、チャーリーとの触れ合いを通じ、愛の大切さに気付いていくのです。

チャーリーとその家族

チャーリーは、両親と4人の祖父母との7人暮らし。貧しいけれど、愛されて育ったチャーリーは、1年に1度だけ、誕生日プレゼントとして大好きなチョコレートを1枚もらいます。そして、そのチョコレートを家族にひとかけずつ分けてあげるのです。祖父母4人のためのベッドが家の真ん中にあるのですが、みんな足伸ばせてる？ と気になります。

『ショコラ』(2000年・アメリカ)
監督:ラッセル・ハルストレム
出演:ジュリエット・ビノシュ、
ジョニー・デップ、ジュディ・デンチ
ワーナー・ブラザース
ホームエンターテイメント

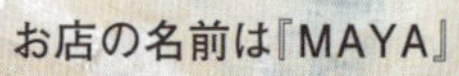

お店の名前は『MAYA』

ヴィアンヌがオープンするお店の名前は『MAYA(マヤ)』。メソアメリカのマヤ文明に由来する名前なのです。

2000年前のレシピのチョコレートドリンク

『MAYA』にはチリペッパー入りチョコレートドリンクがあります。ヴィアンヌいわく「2000年前のレシピよ」。チョコレートの歴史を紐解いてみると、2000年前には、こんななめらかなチョコレートドリンクはなかったのでは?と思うのですが、映画の世界に細かい突っ込みは野暮です。

『ショコラ』

チョコレートの大人な魅力が描かれているファンタジー

北風とともにフランスの小さな村にやってきたヴィアンヌとアヌーク母娘は、チョコレート専門店を開店します。ヴィアンヌのつくるチョコレートは、不思議な力で排他的な村に少しずつ変化をもたらします。主演のジュリエット・ビノシュの美しさと、チョコレートの美味しさを存分に描き出す映像美が魅力的。観た後は、濃厚なチョコレートが欲しくなります。

愛の火を灯す チョコレート

ヴィアンヌが冷めきった夫婦生活を送る女性に、「ご主人に」とすすめたチョコレートです。これを食べたら、本当に夫婦関係がホットに再燃してしまいました。なにが入っているのかな。

ヴィーナスの乳首

ヴィーナスの乳首をイメージしたチョコレート。敬虔なクリスチャンで村長でもある伯爵は、この魅惑のチョコレートに不快な様子でしたが、映画を観ている人たちは、きっとつまみたくなると思います。

存在感のある女優たち

主演のジュリエット・ビノシュはもちろん、店の家主アルマンド役のジュディ・デンチも存在感がずっしり。チョコレートの甘みや苦みなど複雑で深い味わいと、女優たちの深淵な美しさが響き合っています。

セクシーなジョニー・デップ

ジョニー・デップとチョコレートといえば、『チャーリーとチョコレート工場』のウィリー・ウォンカのエキセントリックなイメージですが、『ショコラ』では、とてもカッコいい役で登場しています。チョコレートを食べたり、音楽を奏でたり、どんなシーンでも色っぽいのです。

『フォレスト・ガンプ 一期一会』

人生はチョコレートの箱、開けてみるまで中身はわからない

フォレストの波乱に満ちた半生を描いた人間ドラマ。チョコレートの箱を抱えながら自分の生涯を話すフォレストは、ママの言葉として「人生はチョコレートの箱、開けてみるまで中身はわからない」と口にします。これは、アメリカ映画の名セリフのひとつとしても知られています。

『フォレスト・ガンプ
一期一会』
（1994年・アメリカ）
監督:ロバート・ゼメキス
出演:トム・ハンクス、
サリー・フィールド、
ロビン・ライト

『チョコレートドーナツ』
（2012年・アメリカ）
監督:トラヴィス・ファイン
出演:アラン・カミング、
ギャレット・ディラハント、
アイザック・レイヴァ
ポニーキャニオン

『チョコレートドーナツ』

チョコレートドーナツは、幸せの象徴

1970年代のアメリカを舞台にした、実話に着想を得てつくられた映画。社会的理解をされにくい時代に、ゲイのカップルがダウン症の少年を育てる、というむずかしいテーマですが、少年マルコが美味しそうにチョコレートドーナツを食べる姿が印象的。チョコレートドーナツは、甘くて丸くて、マルコにとっての幸せの象徴なのかな?

『ジュリー&ジュリア』

チョコレートにまつわるセリフが心に残る

1960年代にフランス料理の本を出版したジュリア・チャイルドとその全レシピを1年でつくり、ブログにアップすることにしたジュリー・パウエル、2人の実話をもとにした映画。映画の中には、チョコレートクリームパイやチョコレートアーモンドケーキなどチョコレートのメニューが登場します。

『ジュリー&ジュリア』（2009年・アメリカ）
監督:ノーラ・エフロン
出演:メリル・ストリープ、
エイミー・アダムス、スタンリー・トゥッチ
ソニー・ピクチャーズ エンタテインメント

『幸せのショコラ』

チョコレートメーカーを舞台にしたラブコメディ

チョコレートメーカーを舞台に、企業買収問題や恋愛ドラマが繰り広げられる作品。この映画の見どころは、大の大人がチョコレートをベチャベチャ塗り合うケンカの場面。あーやっちゃった！と楽しく笑えます。

『幸せのショコラ』（2007年・ドイツ）
監督:ソフィー・アレエ・コシュ
出演:ソフィー・スキュート、ドミニク・ラーケ、
シャルリー・ヒュブナー

『E.T』

E.T.だってチョコレートの誘惑には勝てません

スティーブン・スピルバーグのSFファンタジーの名作。地球に取り残されたエイリアンを、子どもたちはチョコボールを使って自宅へと誘き寄せます。賢い！

『E.T.』（1982年・アメリカ）
監督:スティーブン・スピルバーグ
出演:ヘンリー・トーマス、
ディー・ウォーレス、ドリュー・バリモア

『女は女である』

チョコレートは出てこないけれど…

ゴダール映画の名作に、チョコレートなんて出てきたかな？ と思った方、そうなんです。実はチョコレートは登場しません。でも、チョコレートの看板がちらっと映っているのです。時間はスタートから54分過ぎくらい、街の風景を俯瞰で撮影している場面。マニアックなネタでごめんなさい。主演のアンナ・カリーナがかわいいから、看板が見つけられなくても、満足できると思います。

『女は女である』
（1961年・フランス）
監督:ジャン=リュック・ゴダール
出演:アンナ・カリーナ、
ジャン=ポール・ベルモンド、
ジャン=クロード・ブリアリ
発売元:株式会社IMAGICA TV
販売元:株式会社KADOKAWA

やらわ
Chocolate of Rose

やせる【痩せる】

チョコレートに含まれるテオブロミンやカカオポリフェノール、食物繊維などの成分の働きを利用して痩せる、というダイエットの方法があります。カカオ成分70%以上の高カカオのチョコレートというのがポイントだとか。
※9
→「太る」

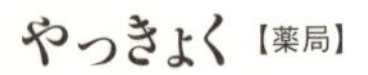

やっきょく【薬局】

国によって事情は異なるようですが、チョコレートが、初めは薬局で扱われていたそうです。1857年にベルギーのブリュッセルに「ノイハウス」が開業した当時、チョコレートの原料カカオは、薬と同じく薬剤師に取り扱いが任されていて、菓子店ではなく、薬剤師のいる店に置かれていました。店主のノイハウスも薬剤師でもあり、薬とお菓子の両方を扱う店だったので、チョコレートを薬として販売するだけではなく、積極的に新しいレシピを考案し、嗜好品としての価値を高めていきました。スイス、ベルン出身のロドルフ・リンツの実家も薬局で、兄も薬剤師でした。
→「ノイハウス」「ジャン・ノイハウス」

やまもと・なおずみ【山本直純】

1932-2002年。日本の指揮者、作曲家。1967年、森永エールチョコレートのCMソング『大きいことはいいことだ』を作曲し、自らCMにも出演。富士山をバックに気球に乗って指揮する姿は、とてもインパクトがありました。

ゆにゅうさいかい【輸入再開】

1951年、日本では輸入外貨資金割当制度によって、戦時中よりストップしていたカカオ豆の輸入が再開。国内におけるチョコレートの生産が順調に進みはじめます。日本のチョコレートメーカーの多くが復興して、需要も増えていきました。

ゆにゅうじゆうか【輸入自由化】

1960年、日本でのカカオ豆とカカオバターの輸入が自由化されます。これにより、バラエティ豊かな日本製のチョコレートが続々と誕生。価格も安定し、チョコレートは子どもから大人まで、すべての人に愛され、食べられるお菓子として広まっていきました。

よねづふうげつどう【米津凮月堂】

1878年、現在の「東京凮月堂」の前身「米津凮月堂」が、日本ではじめてチョコレートの加工、製造販売をスタートしました。このことは1878年12月21日の『郵便報知新聞』に「菓子舗、若松町の凮月堂にては、かつて西洋菓子を製出し、江湖（＝世の中）に賞美せられしより一層勉励してなお、この度、ショコラートを新製せるが、一種の雅味ありと。これも大評判」と紹介されました。そして、『かなよみ新聞』『郵便報知新聞』に「貯古齢糖」「猪口令糖」という漢字の当て字で広告も出されました。しかしながら、当時は原料となるチョコレートを輸入していたため、コストが高く、一般大衆にはなかなか手の出ない貴重なものだったようです。写真は明治11年『かなよみ新聞』に掲載の広告。

→「漢字」

○フロンケーク　祝日用かざり菓子種々

新發明洋酒入ボンタ々

西洋菓子製所

○貯古齢糖

此れ「カウヒー」の類にして頗ぶる芳味ある滋養物の菓子なり洋客ハ日々之を喫す

○甜破陽辻占入

祝宴の後ニ用ゐる者よて中から妙師の辻占と帽子が出る奇興もの

○新製柑子糖漬　ブリキ鑵ヅメ

○桃子糖漬　同

○佛手柑　同

日本橋區兩國若松町

風月堂米津松造

『かなよみ新聞』明治11年12月24日

よんだいはつめい【四大発明】

現代の美味しいチョコレートの礎となった
偉人たちの功績。

[発明 1]
カカオパウダーの発明

1828年、オランダのバンホーテンが、カカオ豆からカカオバターの一部を取り除く方法を発明。さらに、アルカリ処理によりカカオ豆の酸を和らげることに成功しました。これにより、脂っぽくてお湯に混ざりにくい、酸味が気になる、などの問題が解消。チョコレートの値段もそれまでよりも安くなり、一般の人にも飲まれるようになりました。

→「バンホーテン」「カカオパウダー」「カカオバター」「アルカリ処理」「ダッチング」

[発明 2]
食べるチョコレートの誕生

1847年、イギリスのジョセフ・ストアーズ・フライが、カカオマスにカカオバターを添加し、砂糖を練り込んだ固形の食べるチョコレートをつくる方法を発明しました。

→「ジョゼフ・ストアーズ・フライ」

[発明 3]
ミルクチョコレートの登場

スイスのアンリ・ネスレが、1867年に粉ミルクをつくる方法を発明。その粉ミルクを使い、1875年、ネスレの友人だったダニエル・ペーターが、世界最初のミルクチョコレートをつくりだしました。

→「アンリ・ネスレ」「ダニエル・ペーター」「ミルクチョコレート」

[発明 4]
コンチング技術の開発

1879年、スイスのロドルフ・リンツがチョコレートを長時間練り上げることでとろけるような口溶けを生み出すコンチング製法を考案しました。この技術の開発により、それまで粗くザラザラとした舌触りだったチョコレートが、独特の口溶けとなめらかな舌触りへと進化していったのです。

→「コンチング」「ロドルフ・リンツ」

らぶめっせーじたんか

【ラブメッセージ短歌】

『森永ミルクチョコレート』発売80周年を記念して1998年に行われたキャンペーン。当時話題となった短歌集『チョコレート革命』の作者、俵万智さんが選者となり、一般の人からラブメッセージ短歌を募集。選ばれた優秀賞の短歌はラベルの裏に印刷され、のちに『わたしのチョコレート革命―ラブメッセージ短歌』（河出書房新社）として、一冊の本になりました。

→「コラム:文学の中のチョコレート」

リキュール【liqueur】

蒸留酒に果実やハーブなどを加えて香りを移し、砂糖やシロップを混ぜた混合酒。ボンボンショコラをつくるときに、風味づけに使われます。よくチョコレートと組み合わされるリキュールをご紹介します。

［キルシュ］
サクランボのお酒

［グランマルニエ］
オレンジのお酒

［コアントロー］
オレンジのリキュール

［ココナッツリキュール］
ココナッツのお酒

［パグラコ］
マンダリンのお酒

［フランボワーズ］
フランボワーズのお酒

［ラム酒］
サトウキビのお酒

リッタースポーツチョコレート
【Ritter SPORT】

1912年創業のドイツのアルフレッドリッター社製の正方形のタブレットチョコレート。どんなスポーツジャケットにもぴったり収まり、割れにくいチョコレートを、という創業者の妻クララのアイデアをヒントに、1932年に誕生しました。具がいっぱい詰まったチョコレートは食べごたえ満点。

リンツ【Lindt】

1845年、スイスのチューリッヒでダフィート・シュプルングリーが創業したコンフィズリーからはじまったチョコレートの老舗ブランド。ロドルフ・リンツが発明したなめらかな口溶けのチョコレートを生み出すコンチングの技術を発展させ、チョコレート製造の近代化に大きく貢献しました。気軽に手に入れることができて、しかも上質なリンツのチョコレートは、現在も世界中で愛されています。

→「シュプルングリー一族」「ロドルフ・リンツ」「コンチング」

リンドール【Lindor】

スイスの老舗メーカー、リンツを代表するチョコレートで、チョコレートのシェルの中にとろけるようになめらかなフィリングが詰まっています。1949年の発売当初はタブレット型でしたが、1967年に、クリスマスツリーを飾るオーナメントをイメージしたボール型のリンドールが限定販売されて評判となり、1969年からはそれが定番化。今ではキャンディのように包まれた姿が目印です。

→「リンツ」

ルイ14世【Louis XIV】

1638-1715年。フランス国王で太陽王と呼ばれ、ヴェルサイユ宮殿を造った人物。スペイン王フェリペ4世の娘マリー・テレーズ・ドートリッシュと結婚したことで、宮廷にはチョコレートブームが起こったとか。ルイ14世自身がチョコレート好きだったというわけではないようです。

るっくちょこれーと【ルックチョコレート】

1962年に発売された不二家のチョコレート。パッケージデザインは20世紀を代表する産業デザイナーのレイモンド・ローウィが手がけています。現在のパッケージは、ローウィのデザインをもとに、日本で制作したものです。発売された当時は板状で繋がっていましたが、丸みのある粒状になり、いまは角形の粒状チョコレート。中身のクリームは、ジャムだったこともありますが、現在はホイップクリームです。

→「不二家」「レイモンド・ローウィ」

レイモンド・ローウィ

【Raymond Loewy】

1893-1986年。1962年に不二家の『ルックチョコレート』のロゴとパッケージをデザインしました。フランス出身の20世紀を代表する工業デザイナーで、「口紅から機関車まで」といわれるほど幅広いジャンルで活躍しました。石油会社の『シェル』のロゴや、タバコの『ピース』のパッケージデザインも彼の仕事でした。現在の『ルックチョコレート』もローウィのデザインした要素を生かしているそうです。写真は1962年当時のパッケージ。

→「ルックチョコレート」

レプチン 【leptin】

脂肪細胞から分泌されるホルモンの一種で、食欲を抑えたり、エネルギー代謝を活性化させます。チョコレートを食べるとカカオポリフェノールの働きでレプチンが増え、食べ過ぎ防止に効果があるといわれています。

ろいず 【ロイズ】

北海道のチョコレートメーカー。自然豊かな北海道当別町で、世界中から厳選した素材を使い、オリジナリティあふれるチョコレートをつくり続けています。北海道の新千歳空港には、チョコレート工場やミュージアムなどが併設された『ロイズ　チョコレートワールド』があります。

→「ポテトチップチョコレート」「ロイズ　チョコレートワールド」

ろいず ちょこれーとわーるど

【ロイズ チョコレートワールド】

ロイズが北海道の玄関口、新千歳空港で展開するチョコレートのワンダーランド。国内空港初のチョコレート工場や歴史、製造工程を学べるミュージアム、そしてオリジナルのチョコレートが並ぶショップや焼きたてパンの楽しめるベーカリーなど大人も子供も楽しめる施設となっています。

→「ロイズ」「博物館」

ローチョコレート【law chocolate】

焙煎したカカオではなく、48℃以下で低温処理したローカカオパウダーとカカオバターを使ったチョコレート。食材がもつ栄養素をなるべく自然のまま生で食そう、というローフードの考え方に基づいてつくられています。ローチョコレートの味は、洗練というより野性味のあるものが多いようです。ローフード専門店やオーガニック専門店で取り扱われています。

ろごまーく【ロゴマーク】

昔からあるチョコレートもパッケージやロゴマークが少しずつ変わっているのをご存じですか。たとえば『明治ミルクチョコレート』のパッケージは現在で6代目。2009年に「明治製菓」と「明治乳業」が経営統合したことをきっかけに、新しいロゴになりました。この「meiji」のロゴの「e」は笑顔の横顔、「iji」は人々が寄り添い支えあう姿を表現しているそうです。

ロシェ【rocher】

アーモンドなどで、まわりを岩のようなごつごつ感を出した一口サイズのチョコレート。「ロシェ」とはフランス語で岩を意味します。1982年にイタリアのフェレロがつくった『フェレロ・ロシェ』は、あまりにも有名なチョコレート菓子です。
→「フェレロ」

ろっかてい【六花亭】

1933年創業の北海道の製菓メーカー。1968年に日本で初めてホワイトチョコレートを製造しました。坂本直行の描いた花柄の包装紙で有名です。
→「ホワイトチョコレート」「コラム:500円のチョコレートがつなぐ絆」

六花亭

ろって【ロッテ】

1948年創業の製菓メーカー。チューインガムが主力製品。1964年に『ガーナミルクチョコレート』を発売。パフの食感が楽しめる『クランキー』や『コアラのマーチ』など、人気商品を生み出しています。
→「ガーナチョコレート」「チョコごはん」

ロドルフ・リンツ【Rodolphe Lindt】

1855-1909年。スイスのベルン出身のチョコレート職人。1879年、わずか24歳のときに、チョコレートを練り上げ、なめらかな口どけとアロマを引きだす製法、コンチングを発明しました。リンツは、この製法を「とろけるチョコレート」を意味する「ショコラ・フォンダン」と呼んでいました。
→「四大発明」「コンチング」「リンツ」

ワインセラー【wine cellar】

チョコレートの保存には、16～22℃の常温がベストですが、夏場の日本ではその環境は難しいところ。庫内の温度が低すぎる冷蔵庫より、ワインの保存に適した16℃前後に庫内温度を保てるワインセラーの方が、チョコレートにも向いています。お家にワインセラーがある方は利用してみるとよいでしょう。ただし、チョコレートは湿気を嫌うので、冷蔵庫で保存する場合と同じように、アルミホイルで包んで、ジップ付きの袋や容器に入れて密閉してからセラーに入れること。
→「保存方法」「ワインとの共通点」

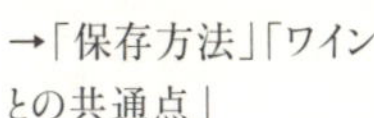

わ

わいんとのきょうつうてん

【ワインとの共通点】

チョコレートとワインには意外な共通点があります。
①ポリフェノール。抗酸化作用がある成分として知られていますが、ワインにもカカオにも豊富に含まれています。
②保存方法。本来チョコレートの保存に適した温度は16～22℃の常温です。そのため、夏場の保存には、温度の低い冷蔵庫より、庫内が12～15℃くらいで安定しているワインセラーの方が合っています。
③テイスティング。味や香りの表現のしかたは、ワインのテイスティングに似ています。
→「ポリフェノール」「保存方法」「ワインセラー」「コラム:チョコレートのテイスティングを知ってますか?」

ジャンル別索引

歴史

人物

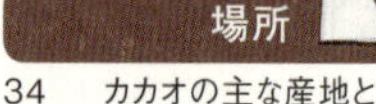

場所

アート・音楽・文学・映画

美容・健康

成分

原料・材料

製造工程

道具・器

料理・飲み物・お菓子

業者・ブランド・メーカー

ことば

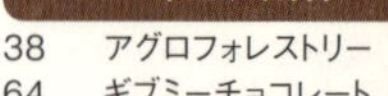

社会・団体

楽しみ方